df/dx
∂w_ij
1.0
-4 -2
lim Δx→0
-1.
1.0
0.5
-4 -2 2 4
-0.5
-1.0
df/dx
lim Δx→0
∂E
JN067857

推薦のことば

「見ているだけでうれしくなってしまうかわいい絵とお話が、とてもおすすめで、こんなAIの本が欲しかった」

松尾 豊
東京大学 大学院工学系研究科 人工物工学研究センター 教授
映画『AI崩壊』AI監修

AI（人工知能）とは何か、それがどうやって動いているのか、何ができて何ができないのか。世の中の大人たちはみんな「わかったフリ」をしています。でも、この絵本はAIが得意なこと、不得意なことを、「わかったフリ」をせずに教えてくれます。

ルビィが学校に連れてきた来たロボットが大活躍したり失敗したりすることを通して、ロボットがどういう性格なのか、何を失敗しそうなのかをつかんでもらう。それによってAIが何が得意で何が苦手なのかを理解しやすくなるというのは、とてもすごい教え方です。

そして、ロボットにできるかなどうかなと、共感しながら考えているうちに、知らず知らず、機械学習やディープラーニングの仕組み、性質、原理、応用、そして倫理的な問題まで、楽しみながら考えさせてくれます。

見ているだけでうれしくなってしまうかわいい絵とお話が、とてもおすすめで、こんなAIの本が欲しかったという一冊です。日本ではAIの分野に進む人は男性が多いですが、AIの本当の面白さに男女関係ないはずで、もっと女性が活躍していいはずの世界です。ぜひ女の子に読んでもらいたい!と思っています。

「あなたも新しい友だちと、なかよくなってみませんか」

まつもと ゆきひろ
プログラミング言語デザイナー／プログラミング言語 Ruby のパパ

昔、コンピューターは電子計算機と呼ばれていましたから、計算がとても得意です。でも、最近のコンピューターは、もう計算するだけの機械ではありません。これまで難しかったこと、できなかったことでもできるようになってきました。たとえば何千枚もある写真から、あなたが写っているものだけを選び出すこととか。
映画の中では、かしこくなったコンピューターが人間の敵になるお話がたくさんあります。この本は、そんなことが起きないようにコンピューターと友だちになる方法を教えてくれます。あなたも新しい友だちと、なかよくなってみませんか。

謝　辞

今回の翻訳も多くの方に助けていただきました。
AIについて、むずかしい分野ながら、わかりやすく専門的なチェックをいただいたApache ArrowとCRubyのコミッター（株式会社Speee所属）村田賢太さんと、お子さんのひろちゃん。
いつも率直で有益なフィードバックをいただける打浪文子さんとゆりさんとかなさん。
絵本パートの読み聞かせにつきあってくれた、夫の笹田耕一さんと子どもたち。

ありがとうございました。

訳者　鳥井 雪

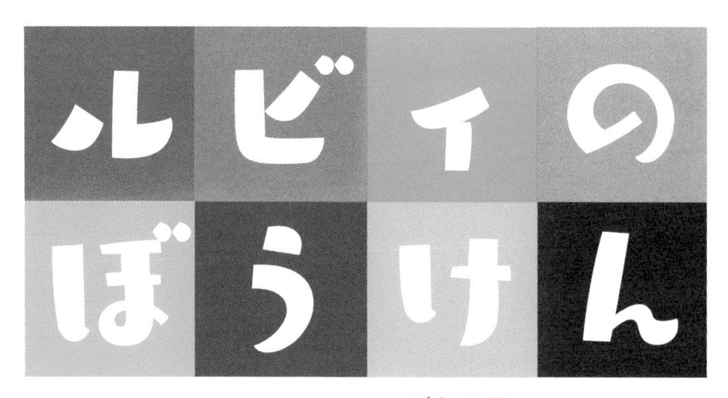

AIロボット、学校へいく

リンダ・リウカス 作
鳥井雪 訳

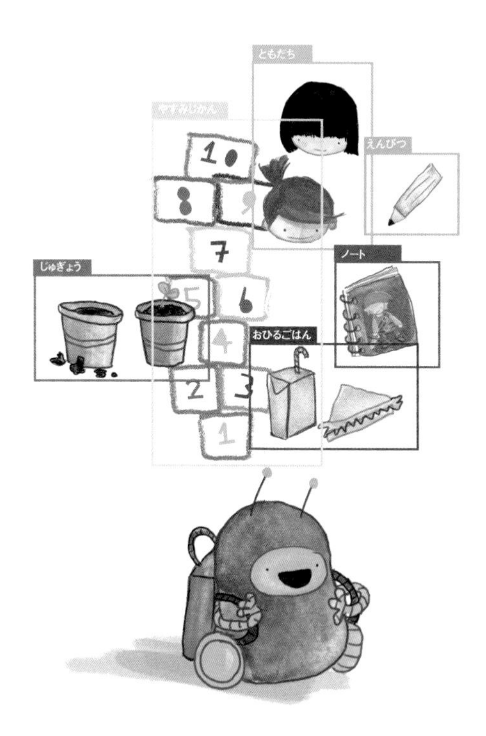

ママへ、いつものように。そして世界中の
小さな読者（大きな読者も）みんなへ

Original title: /Hello Ruby: Robot's First Day of School/ by Linda Liukas
Published in the Japanese language by arrangement with Rights & Brands
through Tuttle-Mori Agency, Inc., Tokyo

保護者の方へ

人工知能（AI）は、すでに私たちの生活を動かしています。子どもたちは、コンピューターが耳を傾け、返事をし、おすすめを教え、予測をし、新しいことをすばやく覚える世界で育つのです。

AIは、私たちが気づくことさえなく手元のスマートフォンを便利にしたり、インターネットの体験を向上させたりしています。

ますますテクノロジーが重要になっていくこの世界では誰もがコンピューターがどのように学び、AIに何ができて、人工知能の倫理上の課題は何なのかを理解する必要があります。

子どもたちとAIについて話さなければいけません。子どもたちは、彼らの人生と未来に影響を及ぼすものごとについて、知る権利があるからです。

この本は、人工知能の一分野である機械学習に焦点を当てています。機械学習は問題解決のためのツールの1つです。

この本は大人と一緒に取り組むようにつくってあります。物語を通して読んでもいいですし、2、3ページめくってみてもいいです。最後のれんしゅうもんだいから解いてもかまいません。

「おどうぐ箱」には、各章のテーマの、保護者の方に向けた補足情報を載せています。

れんしゅうもんだいを何度もやってみましょう。いくつかのれんしゅうもんだいは、スマートフォンのアシスタント機能を使っても挑戦できます。

子どものペースに合わせましょう。物語を楽しむ子もいれば、れんしゅうもんだいをやりたい子もいます。一番大切なのは、すべての子どもたちがそれぞれ、この本から夢中になる何かを1つ見つけられることです。

巻末には用語集があり、関連する概念をすべてリストアップしています。ルビィのぼうけんシリーズのウェブサイト（shoeisha.co.jp/book/rubynobouken/[*1]）で答えのヒントや、ダウンロードできる教材を見つけることができます。

AIは目覚ましい速さで開発されています！　未来のAIは犬のようでしょうか、それとも幽霊、友達、助手、はたらきバチ？

私にはわかりません。でも、私が子どもたち――小さなバレリーナや生物学者やそのほか――に言えることは、未来のAIの世界に、胸を張り、希望を持って向き合えばいいということです。

必要なのは好奇心に満ちて、実際的で恐れを知らない態度、それだけなのです。

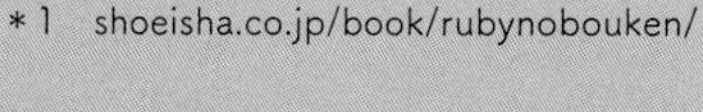
＊1　shoeisha.co.jp/book/rubynobouken/

とうじょうじんぶつ

ルビィ

あたらしいことをおぼえるのがすき。あきらめるのがきらい。
自分の考えをみんなに知ってもらうのも、すき。ちょっとだけ聞いてみる？
一番すきなのはパパ。じょうだんもとくいだよ。
いたずらを考え出すのならおまかせ。それからカップケーキはイチゴぬきのやつで、よろしく。

たんじょうび	2月24日
きょうみがあるもの	地図、ひみつ、暗号、ちょっとしたおしゃべり
すきなことば	どうして？
きらいなもの	考えがこんがらがるのが大きらい
ひみつのふしぎなちから	心の中に、なんだって思い浮かべることができるよ

ジュリア

大人になったら科学者になりたい。ロボット工学に興味があるの。
すごく頭が良くてかわいいAIロボットを持ってるよ。
ルビィは一番のなかよし、ジャンゴは最高のお兄ちゃん。

たんじょうび	2月14日
きょうみがあるもの	科学、数学、インド、ぴょんぴょん跳ねること
すきなことば	よく考えさせて
きらいなもの	考えもせずに、いきなり答えに飛びつく人たち
ひみつのふしぎなちから	いっぺんにたくさんのことができるよ。なん百だって！

ロボット

わたしはムダのない、よごれない、みどりいろのロボット。
計算がとくい。よく見え、そしてたくさんおぼえる。

たんじょうび	ロボットたちは一年中、おいわいする
きょうみがあるもの	とうけい（ある集まりのとくちょうを、数えられるかたちで数えてみたもの）
すきなことば	一度でうまくいかなければ、10おく回でもやれ
きらいなもの	このみの問題、ってやつ
ひみつのふしぎなちから	ねむることも食べることもいらない、でも電気の大食らい！

大きくなったら、なんになる？

ルビィとジュリアはとってもなかよし。
おなじ通りの家に住んでいて、
毎日いっしょに
学校まで歩いていきます。

ある朝、ルビィはジュリアの家のチャイムを鳴らしました。

「じゅんびできた？」とルビィはよびかけます。

「ぜんぜんできてない」ジュリアはふくれて言いました。

「ロボットがいたずらするの。

わたしの学校どうぐをばらまいちゃって」

「ロボット、たいくつなんじゃない？
一日中家にいるんだもん」とルビィは考えました。
「ロボットに、やることをあげないといけないかな」
ジュリアがなやみはじめます。
「いいこと思いついた」ルビィはわくわくしてきました。
「ロボットを学校につれていこうよ！」

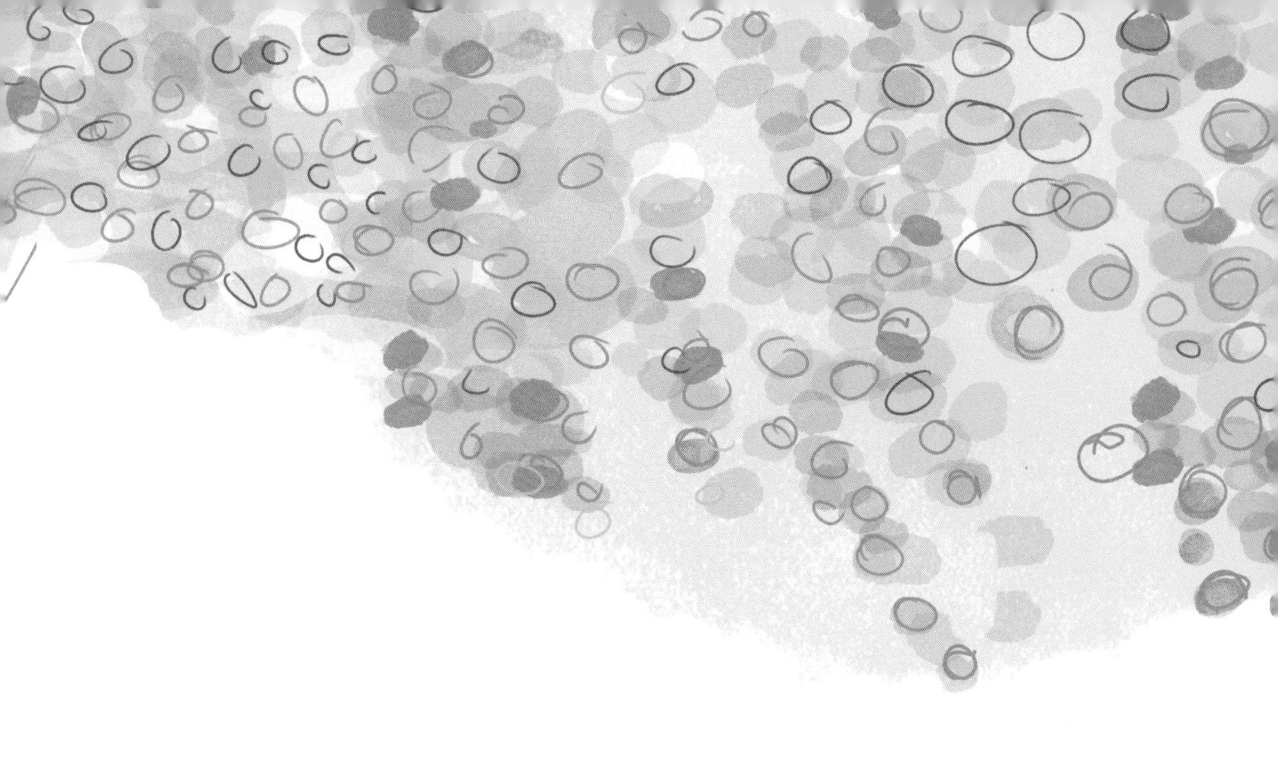

「ロボット、きんちょうしてるみたい。
学校には知らない先生と、子どもがいっぱいいるし」
ジュリアはちょっと心配そうに言いました。
「先生は、ロボットをいい子にするやり方を知ってるかな？」
ルビィには、ロボットは元気そうに見えます。
「ロボットの頭の中で、何がおこってるかは
わかりっこないけどね」

「今日はジュリアのロボットが
来てくれてるよ」と
ルビィがみんなに言いました。

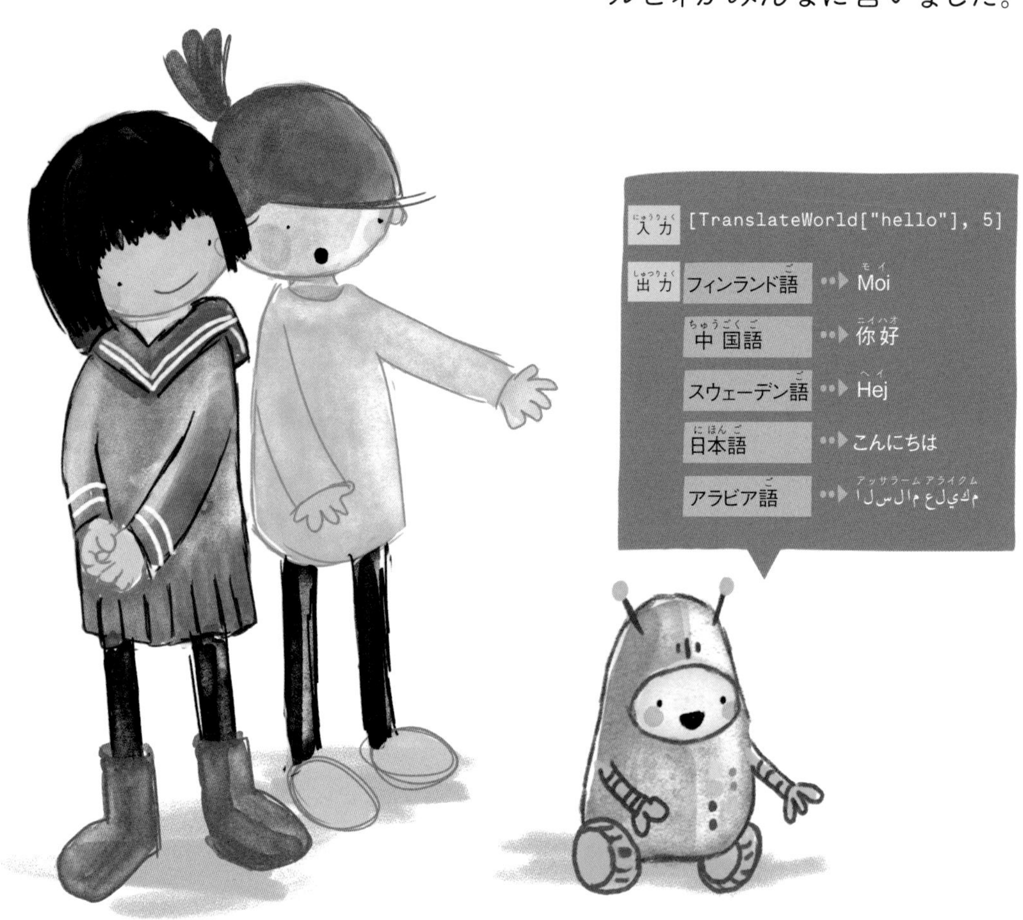

「ロボットはすっごく頭がいいんだ」ジュリアはにこにこしています。

「名前はあるの？」クラスメートの一人がたずねました。
「しゃべる？」ほかの子が聞きます。
でもそのとき、学校のチャイムが鳴ったので、
みんなはこうしゃに急ぎました。

先生は朝のあいさつをして、今日はジュリアがロボットをクラスにつれてきたことを知らせます。
「ジュリア、授業中はロボットをおもちゃ棚に置いておいたらいいわ」

「ロボットはおもちゃじゃありません。ロボットは、学校へ勉強にきたんです。つくえの前にすわっていられます」
ジュリアがイスから立つ前に、ルビィは急いで説明しました。

エイダ
タトュ
ルビィ
リーナス
アリス
ボブ
テウヴォ
ジュリア
ロボット

1時間目は「気持ち」についてのじゅぎょうでした。
「絵を1つえらんで、その絵にあるような気持ちを感じるときはどんなときか、話してください」と先生が言いました。

「1つじゃなくて、
2つアイスクリームを
もらえたときの気持ち」

「お父さんお母さんが、たんじょう日を
わすれちゃってると思ったけど……
わすれてなかったときの気持ち！」

ロボットも絵を1つ取りましたが、
自分の番がきても、
何も言いませんでした。
「どうしたの？　だいじょうぶ？」
クラスメートがくすくすわらいました。

ロボットは頭がいいけれど、人間とはちがうんだと、
ジュリアはいそいでロボットをかばいます。
「ロボットは、人間とおんなじように見たり、
感じたりはしないの」
「ロボットは、目の中でセンサーをピカピカ光らせてるし、
頭の中で人工知能をカチカチ動かしてるよ」
ルビィが大きな声でつづけます。

2時間目は算数でした。先生が問題を出すと、
クラスメートは手をあげて答えようとします。
ロボットは子どもたちをじっくりかんさつして、
しばらくしてから、ちっちゃな手をあげました。

「ロボット、黒板までおいでなさい」と先生が言います。

ロボットは計算をはじめました。

「まあまあね」と先生がつぶやきました。

お昼休みの前に、図工の時間があります。
先生は子どもたちに、赤い四角と、青い丸、
黄色の星をかくように伝えました。

子どもたちは色えんぴつをとりだし、
先生はそうこへ紙を取りに行きました。
帰ってきて、先生はびっくり。

先生はロボットのお絵かきに
あんまりいい顔をしませんでしたが、
クラスメートはロボットのおかたづけを
てつだってくれました。

まちにまったお昼ごはんの時間です。
「ロボットったら大さわぎばっかり起こすんだもん。
ほっとけないよ」お昼ごはんのテーブルで、
みんなはわらいます。

ふうせん 50%
きょうりゅう 55%
おんなのこ 99%
リボン 10%

お昼休みはさいこうです。
ロボットはみんなが遊ぶのを
じっと見ていました。
「いっしょにサッカーしようよ」と、
男の子が言います。

しょうしょうげんど

2.5

はんい

10.2

たいくう時間

1.4

しょそく

10 m/s

角度

45°

ロボットはすばらしいせん手でした。
コントロールがよく、
ルールをすぐにおぼえて、
ボールをだれのところにでも
キックできます。

でも、子どもたちがロボットをおままごとにさそったとき、
ロボットはパンダのぬいぐるみをサッカーボールだと思って、
壁へキックしてしまいました。

「今度はどうしたの？　サッカーはとくいだったのに、
おままごとになったら、だいなし」ジュリアがはらを立てて言います。

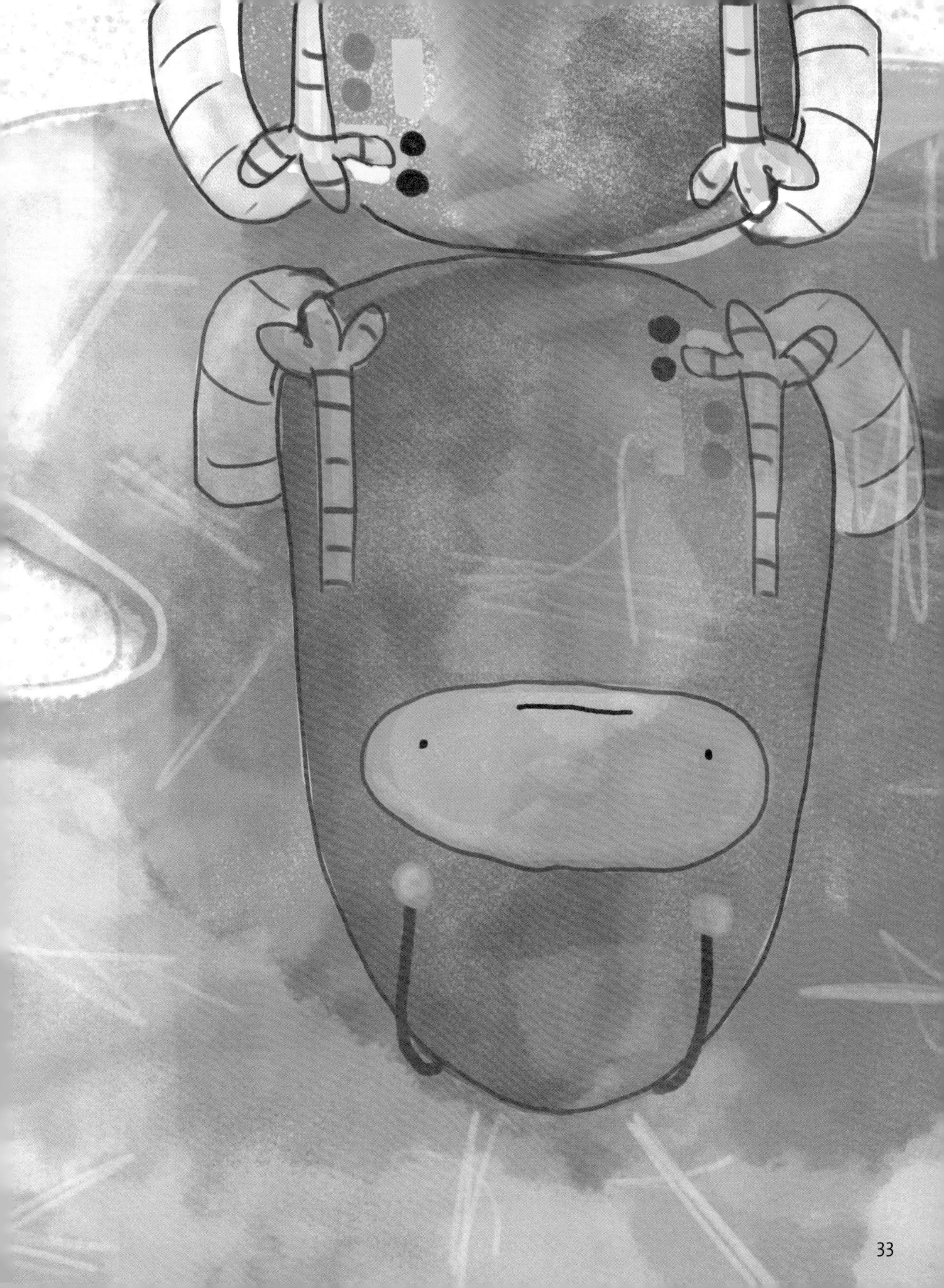

「何があったの?」先生がやってきて、
校庭の真ん中にあつまった子どもたちにたずねました。
「うん、ジュリアのロボットが……」クラスメートの一人が話しはじめると、
「頭はいいんだけど、学校でのやり方がわかってないんです」
ルビィが言いました。

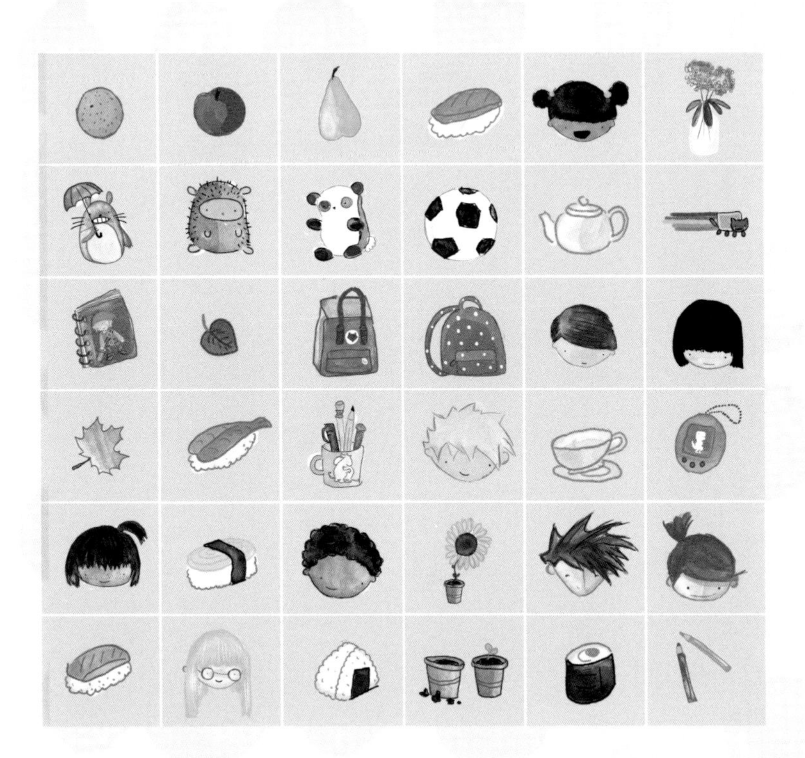

「ロボットはすばやくて、きっちりしていて、たくさんのことができる。
でも、わたしたちとはちがうやり方で、ものをおぼえるし、もっとお手本をみせて教えないといけないの」ジュリアがおろおろと言いました。
みんなはしずかにきいて、うなずきました。さいごに、ロボットもうなずきました。
「わかりました。わたしにいい考えがあります」
先生が言ってにっこりしました。
「午後のじゅぎょうをやめにして、ロボットと学校のれんしゅうをしましょう」

「ふたりひとくみでやりましょう。

つまりロボットといっしょにやってみるの。

まずやることを決めて、ロボットといっしょにやりとげてみて」

先生が説明します。

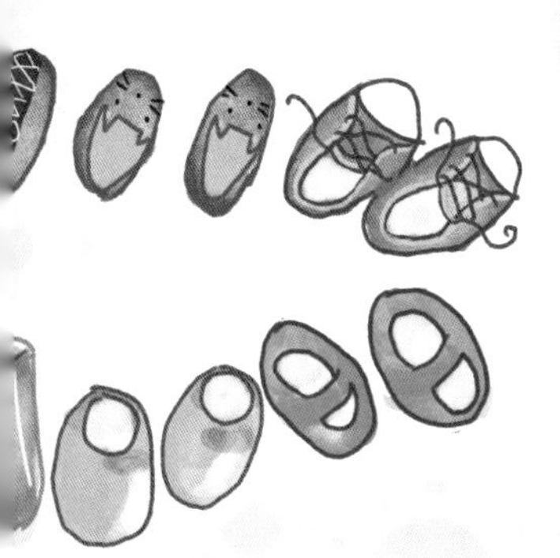

午後(ごご)はあっというまに
すぎていきました。

ブロッコリーチョコ

ソーセージケーキ

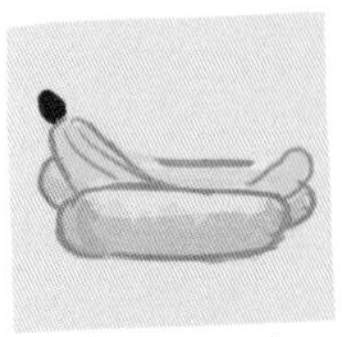
バナナドッグ

ミートボール入り
コーンスナック

りんごみかん

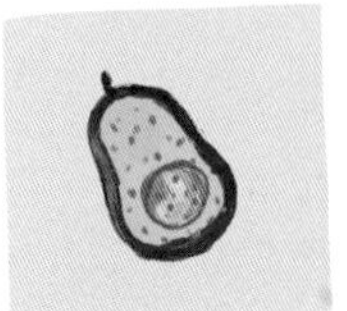
アボカドアイス

ロボットとやってみるのは、
とっても楽しいものでした。
みんなは、自分たちがやったことを、
わくわくしてクラスメートに
発表しました。

いちごラーメン

キャンディピザ

「ぼくたちは、クラスのみんなの、
すきな食べものをならべました。
そこから、ロボットは新しい、
おいしいりょうりを思いつきました」

「わたしたちはバンドをけっせいしました。
ロボットは、どんながっきでもうまくひきこなすんです」

「ロボットはクラスの植木ばちのおせわをてつだってくれました。
ロボットのセンサーは、どの植物が、
どれくらいお水がほしいのかわかるの」

「わたしたちは、暗号のかいどくをしました。暗号をとくのは、
コンピューターにはかんたんです……」

「ロボットは暗いそう庫から、サッカーボールを見つけてくれました。
暗いところでも見えるんだって！」

「ロボットは、わたしの書いたEメールの書きまちがいを、ぜんぶ
直してくれました。それから、わたしたちのためにゲームを
プログラミングしたり、新しい、楽しいビデオをおすすめしてくれました」

「げんかんロビーを見て。ロボットといっしょに、
くつを色のじゅんにならべたんだ」

「ロボットにボードゲームを教えました。どうなったと思う？
ロボットはさいごの勝負で勝ったんです。
ロボットってほんとにおりこうさん」

「力を合わせてできましたね！　あなたたちはすてきなことを
思いつくのが上手です。そしてロボットがすばらしい、
おりこうな仕事で、それを実現するのをてつだったんですね」
先生はクラスのみんなをほめました。
「やったね！　ジュリアのロボットは本当に頭がいいよ。
“ブライト”ってよぼう。すごいぞぼくら、がんばれブライト！」
みんなは手をたたきました。
「ブライトにわたすものがあります。とてもよくできましたね」
先生が言って、学校の１日目をりっぱに終えたことをしめす
つうちひょうとバッジを、ちいさなロボットに手わたしました。
ジュリアは、ほこらしげににっこりしました。

つうちひょう
なまえ ブライト
ルールを守る
じゅぎょうの間、よくお話をきく
他の人が話している間は、その話をきく
みんなの中に入る
言われたとおりにする
かたづけをちゃんとする
せきにすわっている
時間をむだにしない
他の人のじゃまをしない
しずかに行動する
役目をはたすために、自分で考えて行動できる
たすけがいるときはおねがいする
先生にれいぎ正しくする
他の人と力を合わせる

れんしゅうもんだい

AI（エーアイ）ってなんだろう？　かしこい機械？
こわいロボット、それとも親切なおてつだい？
コンピューターがものをおぼえるって、どんなふうに？
えんぴつと本をかばんに入れよう。これから、
機械がどんなふうにものをおぼえるかを見つけにくいから。

1 AIはどこにある？

お話のさいごで、ジュリアのロボットは、新しいことをおぼえるのがとっても上手だったね。
人工知能（AI）のおかげで、機械は、自分で問題をとくことができる。むかしは人間が考えなきゃいけなかったことをね。AIはきっとこれから、車を運転したり、病気を言い当てたり、物語を書いたりできるようになるよ。

おどうぐ箱

人工知能（AI：Artificial Intelligence）は、コンピューターのソフトウェアとハードウェアを組み合わせたもので、まだ学習したことのない状況でも賢明に振る舞えるものです。AIはロボットかもしれませんし、機械かもしれません。アプリの中の計算プログラムであることも、コンピューターのスクリーンにポップアップするボットであることもあります。AIは質問に答えを見つけるのは得意ですが、人間のような常識や感情、意識があるわけではありません。
AIはつねに変化し、発達し続けています。現在では、AIはしっかり範囲を決められた、狭い領域での仕事を得意としていて、このため「弱いAI」と呼ばれます。AIは特定の仕事では人間より速く、そしてよりよく問題を解決できますが、機械が本当の知能を持つにはまだまだ長い道のりがあります。「強いAI」、広い範囲の問題を人間のように解決できる機械はまだ開発されていないのです。

AI（エーアイ）　弱いAI　強いAI　人間の知能

れんしゅうもんだい 1：人工知能（AI）

AIはどこにある？

AIはいつもかんたんに見つかるわけじゃない。だって、だいたいそのすがたをかくしていて、必要なときだけ手助けしてくれるからね。
ものやどうぐが、こちらの言ったことがわかったり、ものを見分けたり、その場その場で動きをかえたり、きみにぴったりのものをおすすめしてきたりしたら、それはAIを持っているかもしれない。
下に、いろんなものをならべてみた。
どれにAIが入ってるかな？
答えをえらんでみよう。

時計

体温計

色えんぴつ

コンピューターゲーム

インターネットにつながる電話

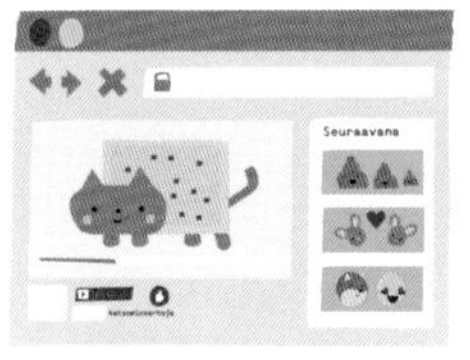

動画チャンネル

自動運転車

先生

顔を見分けるカメラ

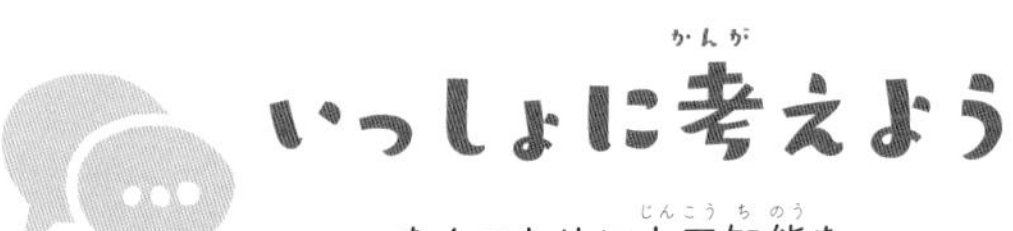

いっしょに考えよう

いつ、なんのために人工知能を使ったことがあるか、いっしょに考えてみよう。

きいたことに答えてくれるおもちゃ

れんしゅうもんだい２：弱いＡＩ

かんたん、かんたん

人間にとってかんたんな仕事が、AIにとってもかならずかんたんってわけじゃない。人間は新しいことを、自分自身で考えることができる。AIは人間とはちがって、すごくたくさんのデータを、すばやくきちんとあつかうことができる。人間はたくさんの気持ちを知っている。コンピューターは、自分の気持ちを持たない。
下の絵を見て、人間とAI、どっちのセリフか考えてみよう。

ものを思いえがくのがとくい

練習せずにケンケンができる

おばあちゃんの目の色を知っている

ニューヨークから世界の反対がわまで、どんな天気か言えるよ

すてきなホットケーキをひっくり返せる

チェスの、これまでの試合のこまの動きをぜんぶ知っている

なぐさめるのがとくい

1冊の本を何秒かで読み終えることができちゃう

この本の38-39ページで起こったような楽しいことを知っている

679898323243 + 74920284 の答えを1秒より速く計算できる

いっしょに考えよう

コンピューターが、人間よりとくいなことの絵をかいてみよう。
人間が、コンピューターよりとくいなことの絵をかいてみよう。

れんしゅうもんだい 3：人工知能（AI）

知能パズル

人間の知能っていうのは、いろんな新しいことをこなすために、わたしたちの頭がどんなにうまく情報をあつかえるか、それにかかわるぜんぶのことだ。
人間はいろんな形で、頭を使うことができる。これが、人工知能をつくるのをすごくたいへんにしているんだ。
下の知能パズルのピースはそれぞれ、ちがった形の「かしこさ」を表しているよ。右のページにあるみんなのせつめいと、ぴったり合うピースをさがそう。

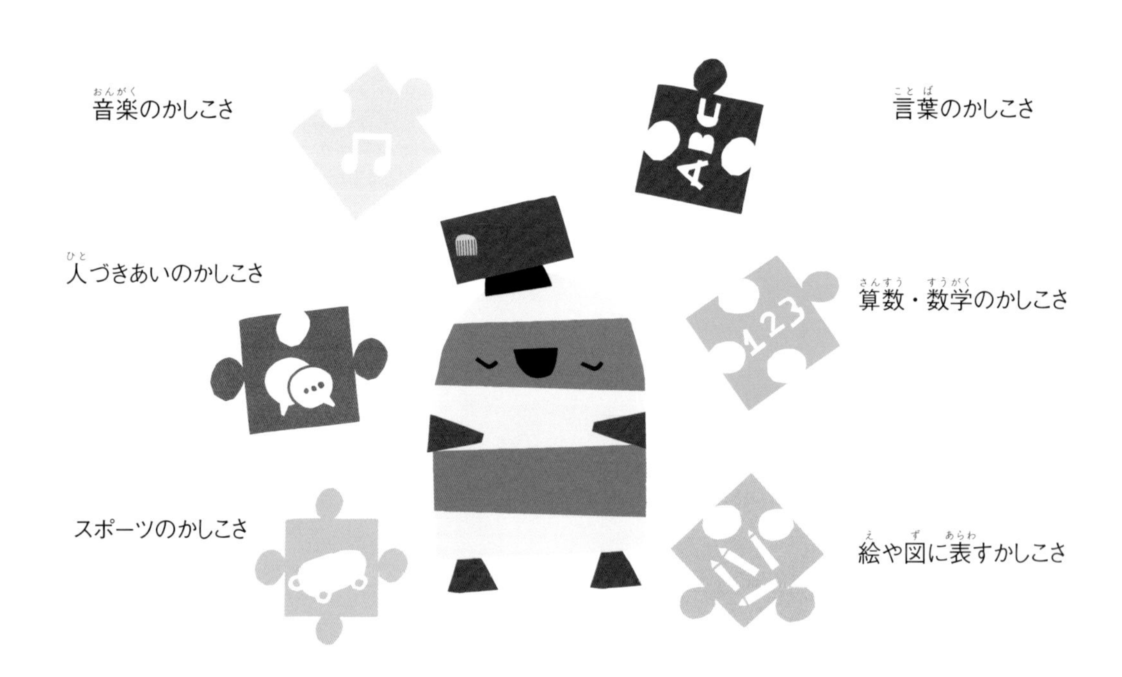

いっしょに考えよう

なにが「知能」か考えてみよう。
知能パズルに他のピースを足せるかな？
そのピースの名前はなんだろう？

わたしは、新しいがっきをすぐにひけるようになるし、メロディもかんたんにおぼえられるよ。

ジグソーパズル、チェス、なぞなぞがすき。

木の上に家をつくったよ。

立体のスペースシャトルのかき方を知ってる。

ボールを使ったスポーツがとくい。

本を読むのはかんたんだし、楽しいよ。わたしにはね。

クラスメートとうまくやれてる。

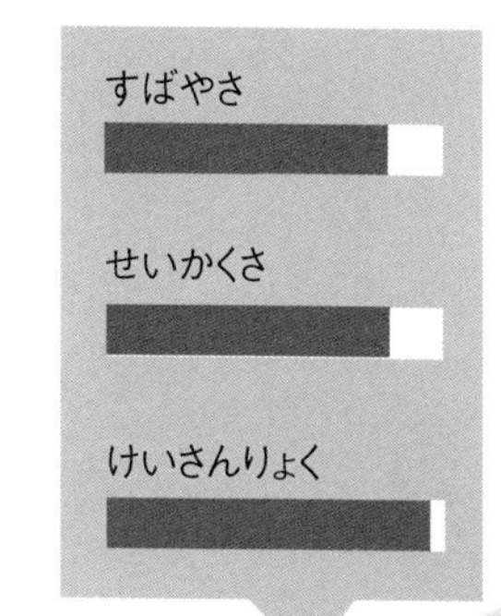

そく転とさかだちのやり方を知ってるよ。

いっしょに考えよう

自分のとくいなことを 3 つならべよう。それぞれ、どのしゅるいの知能がかかわってるかな？

れんしゅうもんだい4：人間の知能

それってあたりまえ！

あたりまえのことだって考え方と、今までやったことのきおくは、人間を助けてくれる。人工知能だと、まだこまっちゃう場面でもね。
もともと人工知能のけんきゅう者たちは、AIが人間の知能をそっくりまねできるって考えてた。人間が世界を学ぶようにね。けんきゅう者たちは、世界がどんなふうかを書き表して、コンピューターにそのルールを教えるのにたくさんの時間を使ったんだ。でも、このタイプのAI（シンボリックAIって呼ばれるよ）の開発は、あんまり進んでいない。
次のパズルはとけるかな？「ものがたりの始まり」にぴったりの「終わり」をえらんでね。このタイプの仕事は、まだ機械にはむずかしいんだ。きみにはすごくかんたんなのにね。

ものがたりの始まり	ものがたりの終わり	
ほうかご、ルビィとジュリアはお店でアイスクリームを買いました。	□ 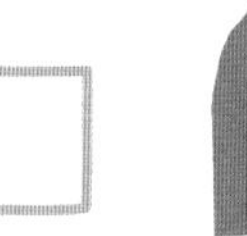  二人は家に帰るとちゅうで、アイスクリームをゴミ箱に入れました。	□ 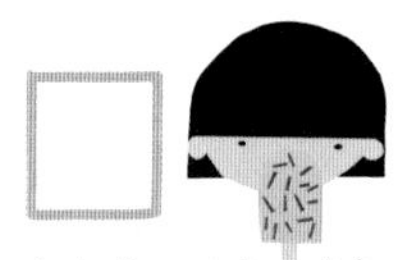  二人は家に帰るとちゅうで、アイスクリームを食べました。
二人の手にはゴミがあります。	□  ゴミはおいしかったです。	□ 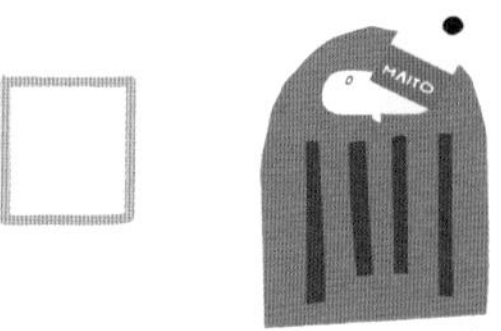 二人はゴミをゴミ箱に入れました。
ルビィの手はよごれてしまいました。	□   ルビィは手をあらうことにしました。	□ 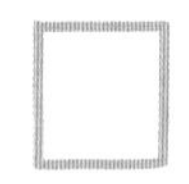   ルビィは手ぶくろをつけました。

このなぞをとける？

サッカーボールはスポーツバッグにぴったり入る。スポーツバッグはかばんに入る。パンダのぬいぐるみはサッカーボールより小さい。

パンダのぬいぐるみはスポーツバッグに入るかな？

ジュリアはゆかから本をとりあげた。
ジュリアは本をかばんに入れた。
ジュリアはなわとびを手にとった。
ジュリアはりんごを手にとった。

ジュリアの手の中にはなんこ、ものがある？

夕方、学校のかばんに教科書を入れたら、朝になってもまだ教科書はかばんに入ってる？

わたしはもっと“あたりまえ”を知らなくちゃ！

- 学校のかばんによく入れるものを5つならべてみよう。
- 教室でよく見るものを5つならべてみよう。

わたしはすごくたくさんの情報を処理できます。ビッグデータなんかこわくない！

2

機械学習ってなんだろう？

新しいことをおぼえてなにかができるようになるのは、知能のすごく大切な役割の１つ。人間の頭はパイナップルや歯ブラシやネコを、いくつか見ただけで見分けられるようになるね。
コンピューターの場合は、何千個、何万個もお手本を見ないといけないんだ。これが、ロボットが学校でしっぱいしちゃった理由だよ。

おどうぐ箱

機械学習は、近年急速に発展したAIの一分野です。機械学習とは、コンピューターが受け取ったデータをもとに、タスクを解決できるようになる能力のことを言います。このデータを「学習データ」と呼びます。
このデータは文章であることも、画像や音声、動画であることもあります。コンピューターはさまざまな方法でデータを手に入れます。データは機械に入力されることもあれば、機械がセンサーを使って動きや温度、光量のデータを収集することもあります。また、インターネットでの「いいね」や動画視聴、ゲームのスコアもすべて、コンピューターが使えるデータです。コンピューターの電気的な、あるいは機械的な部分を「ハードウェア」と言います。コンピューター内の指示やプログラムは「ソフトウェア」です。どちらもコンピューターの学習に必要なものです。

学習データ　ハードウェア　ソフトウェア

どうやって機械はものをおぼえるの？

機械に、すごくたくさんのネコの画ぞうをあたえて、ネコを見分けるように教えることができるよ。
画ぞうにはいろんなタイプのとくちょうがあって、それが機械学習の役に立つんだ。ネコのとくちょうには、色や大きさ、毛の長さなんかがある。とくちょうをきちんとえらぶことが、機械がものをおぼえるのに役立つんだよ。

1 **答えたい問題**
これはネコ？

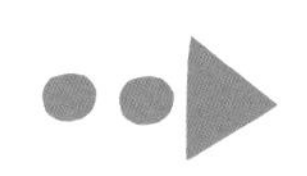

2 **学習データ集め**
ネコの画ぞう

機械学習は人工知能の一部分だよ。データを使って組み分けやグループ分けをしたり、なかまはずれを見つけたり、ものを見分けたり、予想したりする手助けがほしいとき、機械学習はすごく役に立つ道具なんだ。
機械学習にはたくさんのいろんなやり方がある。「ニューラルネットワーク」や、「ディープラーニング」みたいにね。

れんしゅうもんだい 5：学習データ

データ集め

コンピューターは、もらったデータからものをおぼえる。より良いデータが準備できれば、コンピューターはそれだけはやくおぼえられる。
ノートに、集めたデータを書いてみよう。

すきな動画から、次のデータを集めよう。

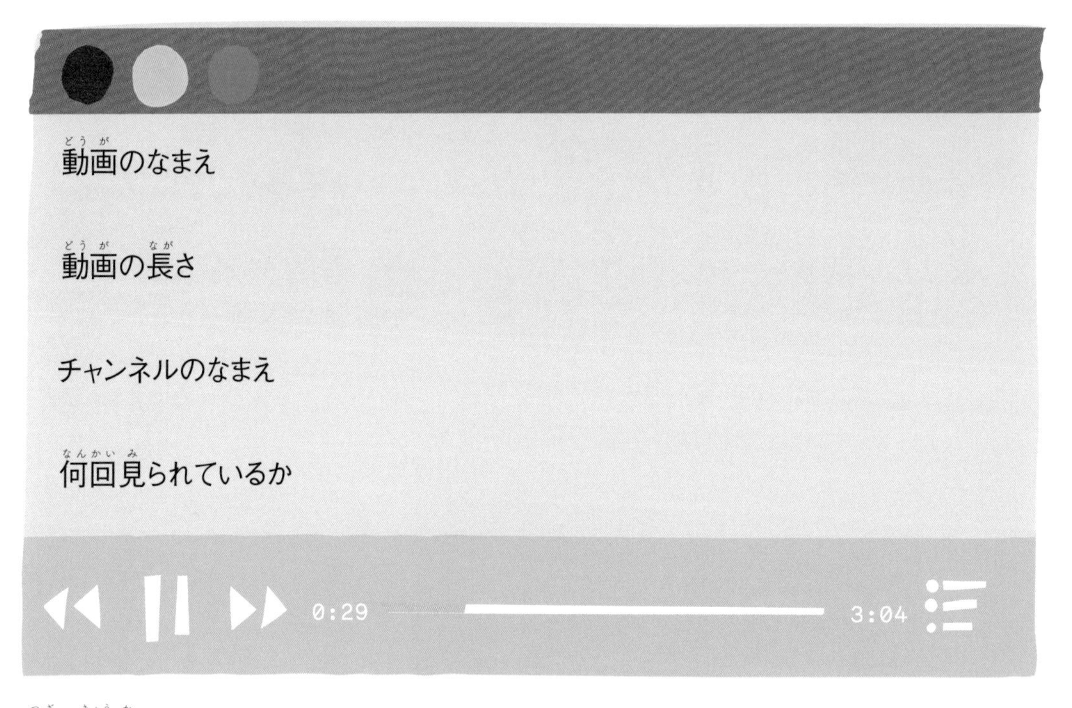

次の教科に、いくつハートをつけるか？

学校ですきな教科 ❤❤❤❤❤

算数	図工
国語	音楽
体育	社会
その他（なにかな?）	

絵の中にいくつ四角、丸、星があるのか数えてみよう。

一週間、毎日ねた時間を、丸を色ぬりしてきろくしてみよう。
ねた時間を線でつないでみよう。

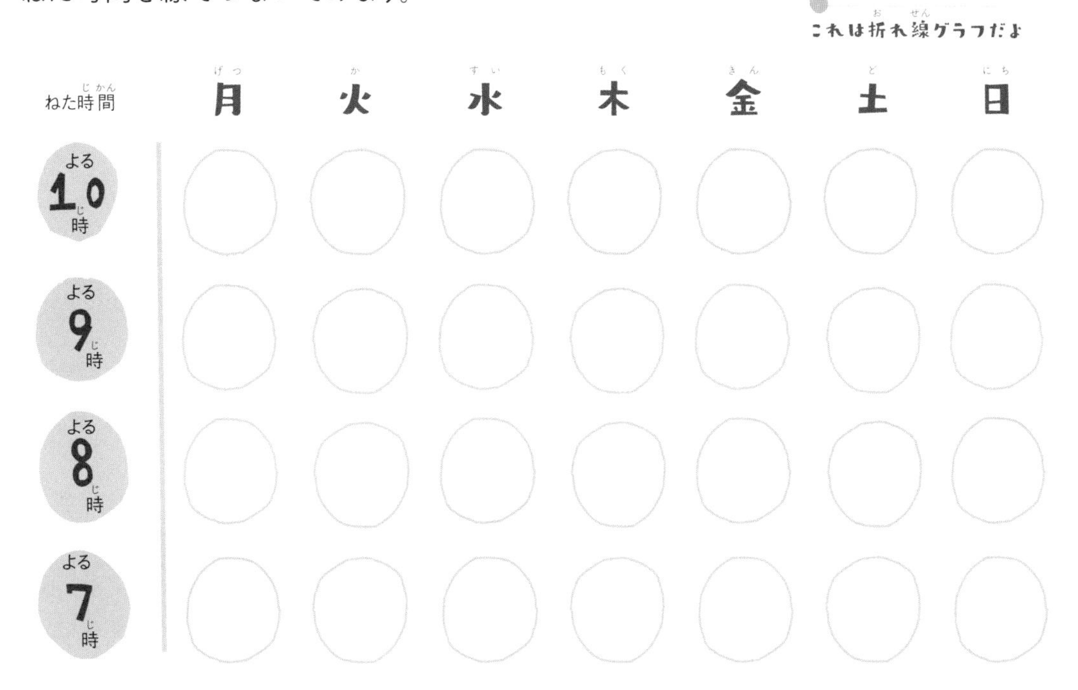

この本のなかで一番すきなのはだれ？
自分をいれて、五人に聞いてみよう。
それぞれのキャラクターが何回えらばれたか数えてみて。

色えんぴつで、えらばれた数だけ箱をぬりつぶして色の柱にしよう。
この柱は、ブロックでもつくれるよ。だれが一番高い柱になった？

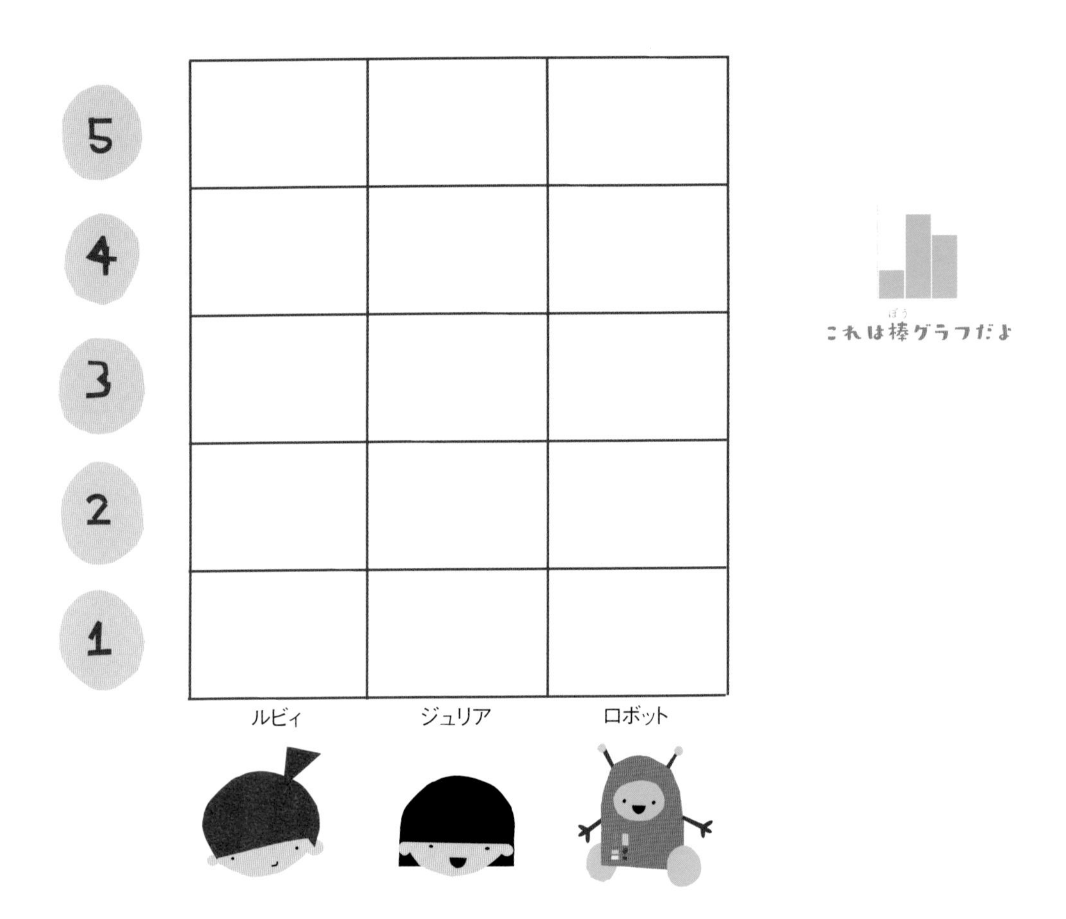

インターネットでさがしたものを5つ書いてみよう

コンピューターを訓練するのに使うデータには、次のようなものがあるかも。

- 文章、たとえば本とか
- 動画、たとえばネコ動画とか
- 絵、たとえばマンガとか
- 音、たとえばろく音された電話のやりとりとか

れんしゅうもんだい 6：学習データ

自分だけの学習データを集めよう

コンピューターがものをおぼえるためには、すごくたくさんのサンプルがいるんだ。さいしょに、きみのスマートスピーカーを訓練して、声の命令のサンプルを出してみよう。

はじめの命令	終わりの命令	音楽の命令
スピーカー、 目をさまして!	スピーカー、 おしまい。	スピーカー、 曲をかけて。

それから、スマートフォンが
きみの表じょうを見分けられるようにしよう。
次のときのきみの顔をかいてみよう。

うれしい　かなしい　ふつう　上から見たところ

横から見たところ　おこってる　暗いところで　ぼうしをかぶって

いっしょに考えよう

どれが家で、どれが車かをコンピューターに教えるのに、どんな学習データがいるかな？
コンピューターに教えたいものを決めて、そのサンプルを集めよう。
絵をかいたり、ざっしから切りぬいてきてもいいよ。

学習データを集めるために、
shoeisha.co.jp/book/rubynobouken/play/25 のサイトから、ワークシートをプリントアウトしよう

れんしゅうもんだい 7：ハードウェアとソフトウェア

力を合わせる

コンピューターがものをおぼえるには、ソフトウェアとハードウェアのりょうほうがいるんだ。はてなマークのところの、なくなっちゃったものはなにかな？　ハードウェアとソフトウェアがどんな順番で、力を合わせて動いているか、考えてみよう。

＊ソフトウェアは、アプリケーションなど、コンピューターの、手で触れることのできない部分のこと。
ハードウェアは、ディスプレイやキーボードなど、コンピューターの「もの」の部分です。

機械学習には、ハードウェアとソフトウェア（計算する力）のどっちもひつようなんだ！

上のどれがハードウェアで、
どれがソフトウェアかな？

れんしゅうもんだい8：ハードウェアとソフトウェア

とんでもない学習機械

なんてこった！　機械学習のシステムがめちゃくちゃになっちゃった。
線をたどって、正しいデータとアプリケーションのペアを見つけてね。

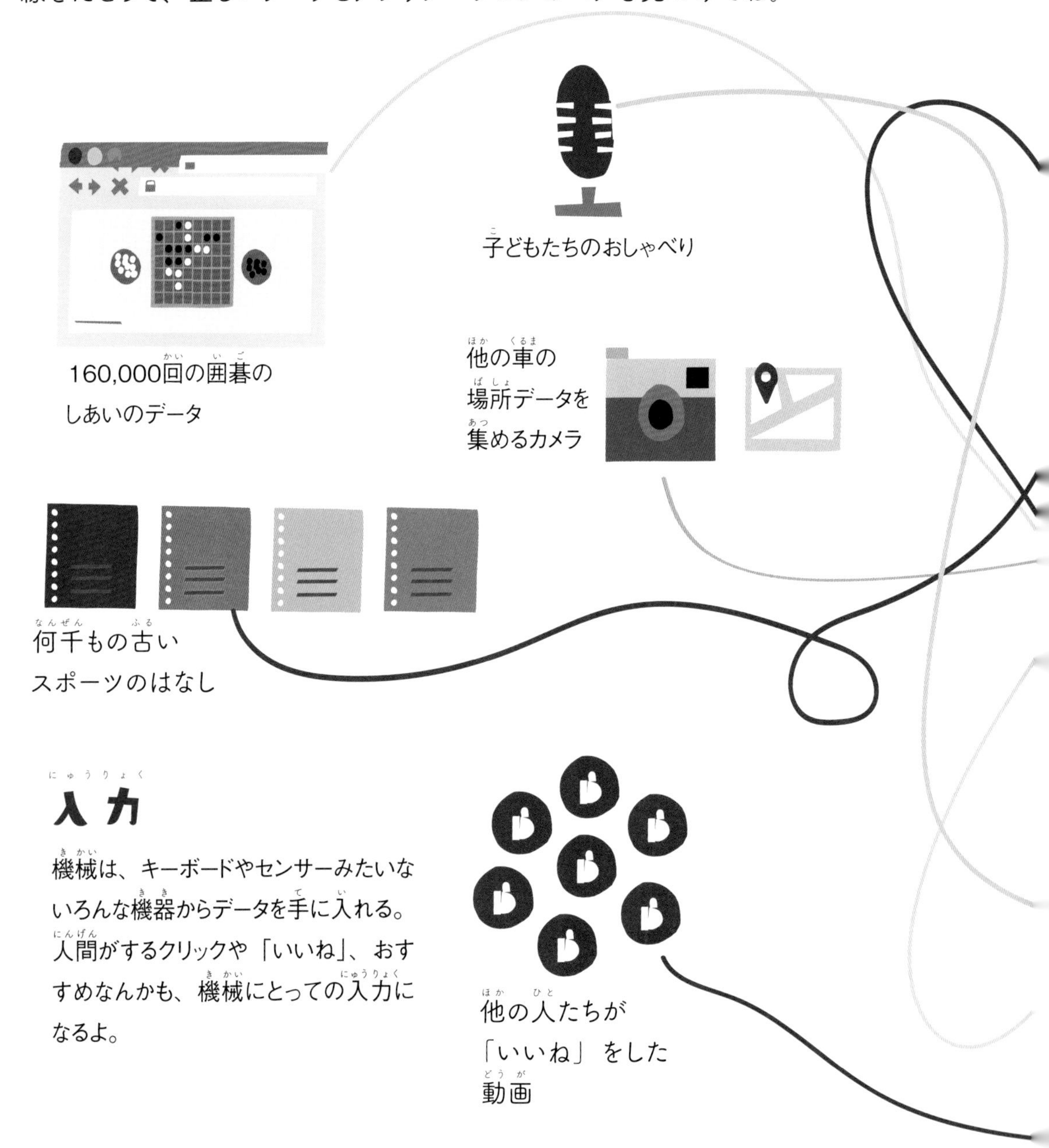

入力

機械は、キーボードやセンサーみたいないろんな機器からデータを手に入れる。人間がするクリックや「いいね」、おすすめなんかも、機械にとっての入力になるよ。

処理

やってきたデータは処理される。処理、あるいはデータを人間に見えるなにかにかえることは、近ごろはGPU（グラフィック・プロセッサー）でやることも多いよ。

自動で新しくなるスポーツニュース

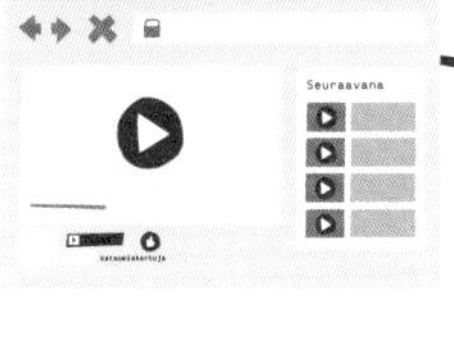

新しい動画をおすすめする動画チャンネル

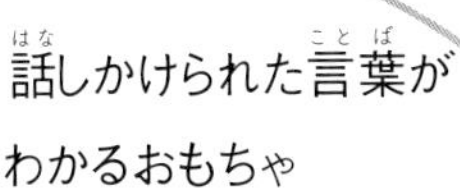

話しかけられた言葉がわかるおもちゃ

自動運転車

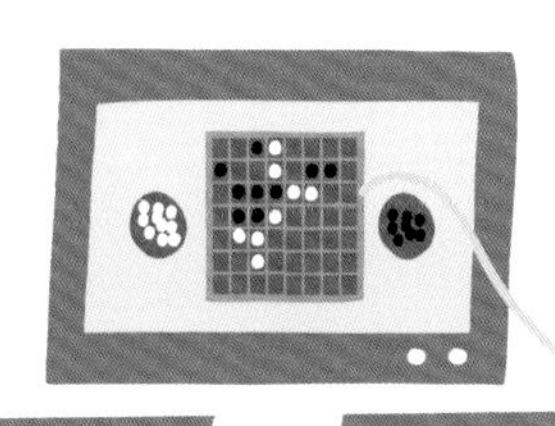

囲碁ができるコンピューター

出力

出力は、処理の結果を見せるよ。

3

どうやって機械に新しいことをおぼえさせるの？

ロボットは学校で、しつもんに手をあげる子どもたちをお手本にして、すぐに同じことができるようなったよね。
人間はコンピューターに目的を教えて、お手本を見せて、機械がものをおぼえるのを助けてあげる。「こうするんだ」っていう形、“モデル”は、機械が自分で組み立てるんだ。

おどうぐ箱

機械学習の最終目標は、大抵のときに正解を出せる「モデル」を見つけることです。機械はその答えが正解かどうかを知ることはありませんが、蓋然性、確からしさを予測することはできます。機械学習において最もポピュラーな手法は、教師あり学習、教師なし学習、強化学習と呼ばれます。
教師あり学習は、望まれている結果が事前にわかっている場合に使われます。コンピューターにりんごを見分けてほしい場合は、いろいろなりんごの画像を与えます。それに加えて、コンピューターはりんご「ではない」画像もあたえられます。この方法で、コンピューターはりんごを、りんごではない画像から区別できるようになるのです。
教師なし学習は、データが持つ特徴を見つけ出すために使います。コンピューターは、学習データから規則を見つけ、それをグループ分けします。
強化学習とは、経験から学ぶということです。コンピューターには明確な目標が与えられます。何百万回ものチャレンジ、たとえば勝つまでゲームをやるとか、衝突するまで車を運転するとかから、コンピューターは学ぶのです。

アルゴリズム　蓋然性／たしからしさ／確率　教師なし学習
モデル　強化学習　教師あり学習

機械学習の仕組み

これはネコかな?

1. 問題を用意する
2. 学習データを集める
3. モデルをつくる
4. 答えを出す
5. モデルをもっと新しくする

人間は機械学習で答えを出したい問題（1）を見つけて、機械のために学習データを集めるんだ（2）。そして、その学習データをコンピューターにあげる。

人間は機械に、その問題に答えを出すための、ぴったりの学習アルゴリズムをあたえる。何千ものいろんな学習アルゴリズムがあるよ。

学習データ、学習アルゴリズムを使って、機械はモデルをつくるんだ（3）。新しいデータを使って、そのモデルが正しいかどうかをたしかめる。人間が機械に問題（1）をあたえて、機械が答えを出す（4）。機械は、もっとそれについての情報がふえたら、モデルをもっと新しくする（5）。

機械学習のやり方、3つ

教師あり学習

教師なし学習

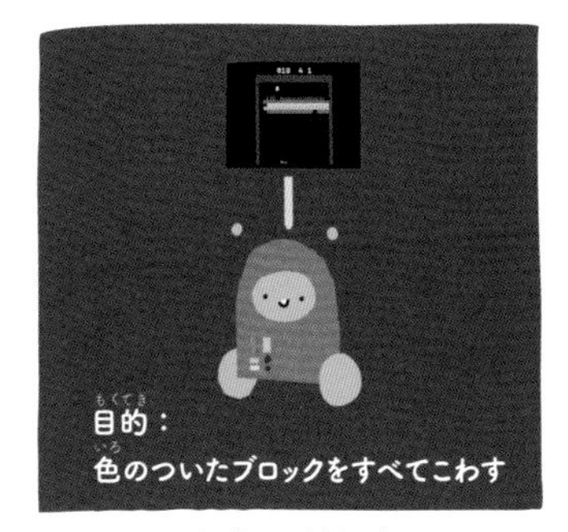

強化学習

れんしゅうもんだい 9：アルゴリズム

お手本の生徒

人間は、きちんとした命令やアルゴリズム（問題の解決のための、てじゅんの集まり）をかいて、コンピューターに仕事をしてもらうことができる。これを「プログラミング」って言うよ。
機械学習では、コンピューターは一つ一つの命令をもらわない。そのかわりに、学習データと学習アルゴリズムを使う。次の仕事をこなすのに、今までどおりのプログラミングと機械学習では、それぞれどんなふうにやるんだろう？

- 歯をみがく
- じゅぎょうで手をあげる
- お昼ごはんを食べる
- なわとびをする

今までどおりのプログラミング

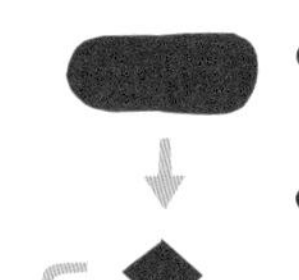

- せんめんじょに行く
- 歯ブラシをとって、豆つぶくらいの大きさの歯みがきこを歯ブラシの上にしぼる
- 口を開けてみがきはじめる。ぜんぶの歯をみがきおわるまでつづける
- 歯に歯みがきこがまだついていたら、水であらい流す。そうでなければ、せんめんじょから出る

- まちがいのない命令に書き出す
- 小さなきちんとした命令に分ける
- 命令が、ちゃんとした順番でならんでて、ぜんぶの場合について書いてあること！

機械学習

- その仕事のいろんなやり方を集める
- 絵をかいたり、動画をとったり、写真をとる

れんしゅうもんだい 10：たしからしさ

そんなはずない！

コンピューターは本当になにも知らない。「たしからしさ」を見て、答えを当てようとするんだ。下に、この絵本のストーリーについての文があるよ。
それぞれの文について、ストーリーから見て、一番ぴったりくる「たしからしさ」を右からえらんでみて。
「たしからしさ」はどれか1回はえらばれるはず。
自分がそれをえらんだりゆうについて、せつめいしてみてね。

- ルビィとジュリアは、毎日いっしょに学校に歩いて行く。
- 雪がつもってるときはいつでも、二人はスキーで学校に行く。
- ロボットはジュリアのデザートを食べる。
- ロボットはしゃべり方を知ってる。
- ルビィはロボットをかばってる。
- ロボットは自分がまちがいをしたら、ないちゃう。
- みんなは学校でロボットをおいしく食べた。
- 先生はロボットが生徒を教えたのでうれしかった。

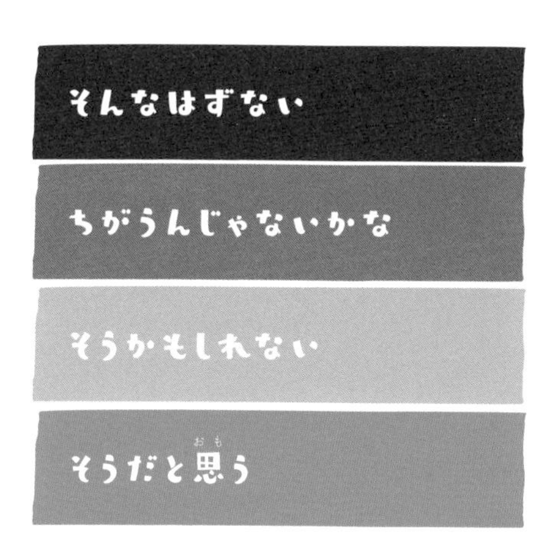

たしからしさは、言葉でも、数字でも表すことができるよ。
「そんなはずない」だったら、たしからしさは0.0、「そうだと思う」だったら1.0。たしからしさは、0％から100％までのパーセンテージで表されることも多いね。

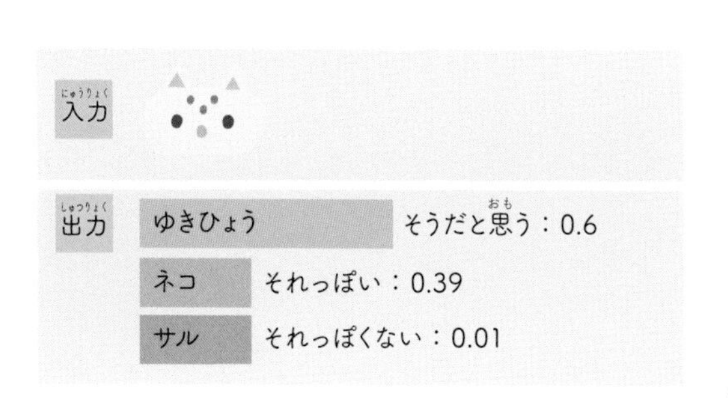

れんしゅうもんだい 11：教師あり学習

わたしたちのクラス

次の文は、子どもたちの、学校についての気持ちだよ。
ロボットのために、これを2つのグループに分けよう。
それから、この2つのグループに分けられる、新しい文を、5つ考えてみて。

学校は楽しい。

わたしたちのクラスはさいこう。

先生はさぼり方を知ってる。

ときどき宿題が多すぎる。

いっしょに考えよう

文がどっちのグループに入るのかがわかる言葉を、丸でかこんでみて。

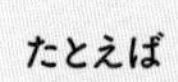

たとえば

入力　学校は楽しい

出力　気持ちのグループ：
学校は（楽しい）

れんしゅうもんだい 12：教師あり学習

おべんとうの時間

ロボットはジュリアがおべんとうをつめるのを手つだいたい。でもまず、ロボットが、おべんとうの中身をうまくえらべるように練習しなきゃ。

- 絵を見て、その特徴について考えよう。
  おべんとうの中身をえらぶルールを考えよう。
  食べものは色、形、そのほかの特徴（種類など）でグループ分けできるよ。
- グループに名前をつけよう。
- 絵をぜんぶ使わなくてもいいよ。

レモン

りんご

ライム

サンドイッチ

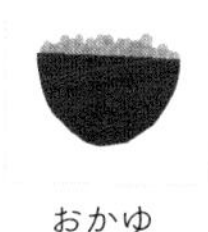
おかゆ

ぶどう

ワッフル

ジャム

ロボットがおべんとうに入れるもの：

グループの名前：

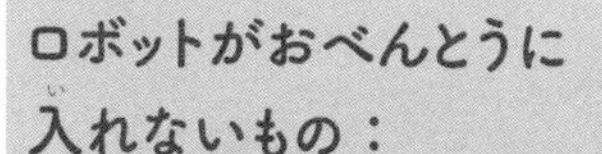

ロボットがおべんとうに入れないもの：

グループの名前：

いっしょに考えよう

おべんとうをグループ分けするのに、どんなルールを思いついたか、それぞれ友だちとくらべてみよう。

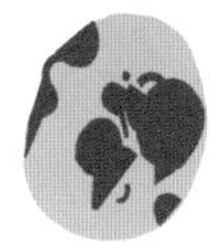

shoeisha.co.jp/book/rubynobouken/play/26 のサイトから、ワークシートをプリントアウトできるよ。

れんしゅうもんだい 13：教師あり学習

ランチはなにかな？

ルビィの学校の調理師さんは、来週とさ来週のお天気でランチの中身を決めてる。
雨の日にはあたたかいスープ、晴れの日にはサラダが出るよ。

1. 14日間の天気よほうの表を見てみよう。

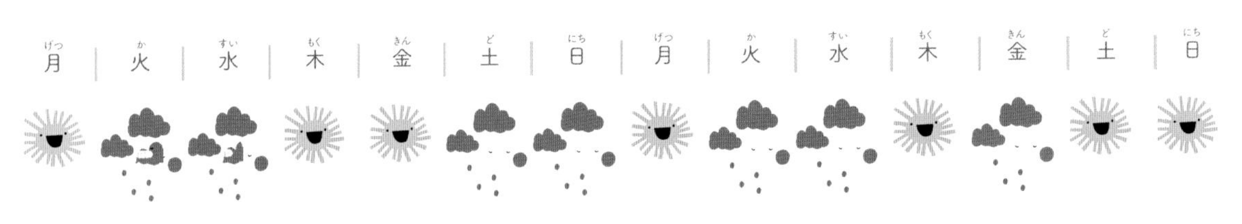

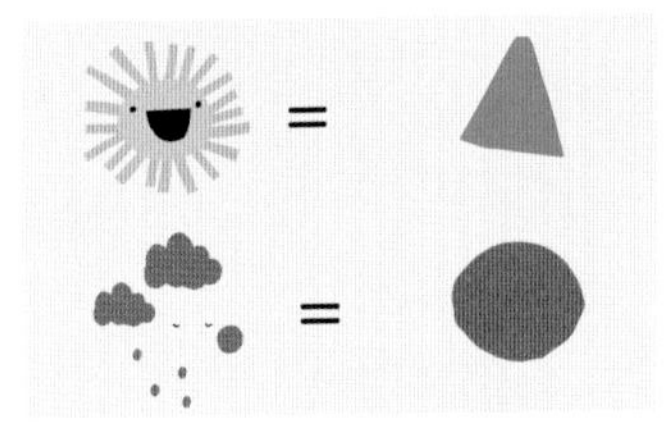

2. ノートに、天気から考えて、ランチのメニューをつくろう。まず、一週間分の日づけを書いて、雨の日用のスープを表す丸いボウルのしるしと、晴れの日用のサラダを表す緑の三角を書き入れよう。
土曜日と日曜日がお休みなのをわすれないでね！

3. 調理師さんは、デザートはスープのときにはりんご、サラダのときにはバナナと決めてる。
学校がある日につづけて同じりょう理になったら、デザートにはイチゴやブルーベリーも出てくる。
それぞれのデザートをメニューにつけ足そう。おいしそうだね！

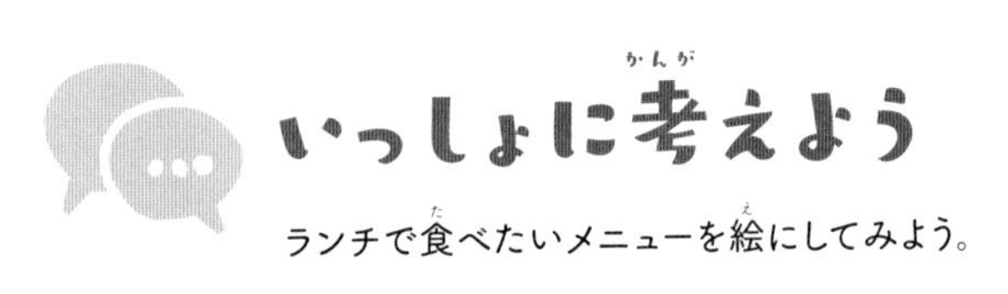

いっしょに考えよう

ランチで食べたいメニューを絵にしてみよう。

れんしゅうもんだい 14：教師なし学習

かくれんぼ

時どき、使えるデータはものすごくたくさんあっても、それが順番にならんでいなかったり、ちゃんとグループ分けされてないことがある。そんなときコンピューターは、人間が気づかないようなグループ分けをすることがある。
コンピューターがウイルスたちをグループ分けしたルールを見つけられる？　犬についてはどうかな？　きちんと理由がわかるように考えてね。

たとえば

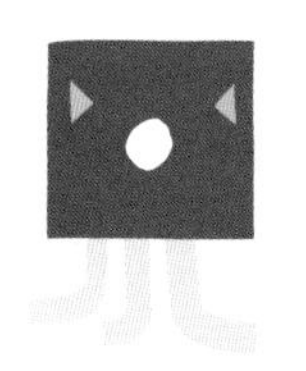

こっちはぜんぶウイルス。

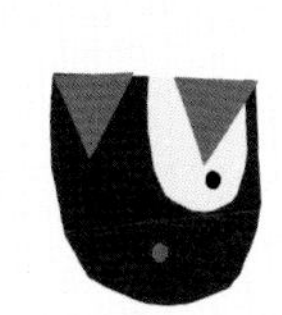

こっちは犬。

ウイルスじゃない。

犬じゃない。

では…

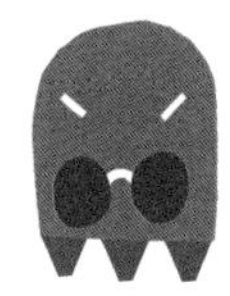

ウイルスなのはどれ？

犬なのはどれ？

それがウイルスなのは、どうして？

それが犬なのは、どうして？

ワタシは、ウイルスを見分けるルールは足の数が2でぴったりわれるかどうか、犬は耳の形だと思うな。

この絵にはなにがかくれてる？　紙を1まい用意して、絵の上にかさねよう。
1の番号のかこみをぜんぶ色でぬってみよう。

ワタクシは人間が見つけられない大きなグループを見つけることができる。
パターンを見分けるのがとてもとくい。とくに、くらべるものがたくさんあるときがとくいだよ。

機械学習は手がかかるんだ。
まずはじめに、コンピューターは「こうかな？」ってためしてみる。それに「あってる、あってない」が返って来ればくるほど、うまく「こうかな」を当てられるようになる。
強化学習では、機械は「ここまでできるように」って目標をもらって、その目標にとどくまでいろんなことをためすんだよ。

れんしゅうもんだい 15：強化学習

ぜんぶの気持ち

ロボットのお面をつくってみよう。
紙に、ロボットの顔のパーツをかいて、それをバラバラに切りとる。
それからいろんな組み合わせをためしてみよう。
1つずつロボットの顔のパーツをかえてみる。
ロボットの顔はどんなふうにかわって見える？
友だちにはどんなふうに見える？

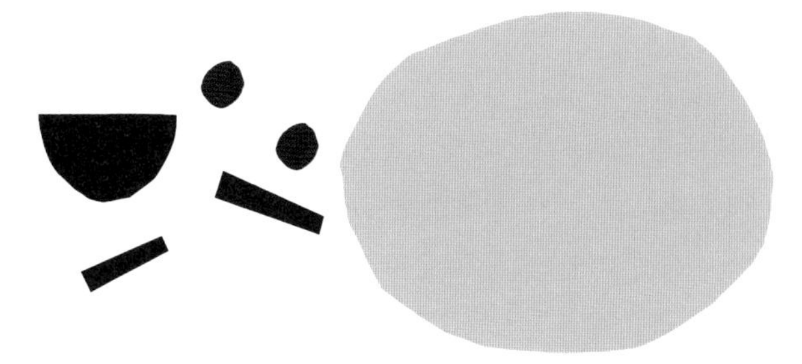

- どの組み合わせがロボットが一番かなしそう？
- ロボットが一番おこって見えるようにおいてみよう。
- どの組み合わせが一番楽しそうに見える？
- きみのつくった顔は、どんな気持ち？　右の表のたての気持ちとよこの気持ちの組み合わせだと、どれになる？

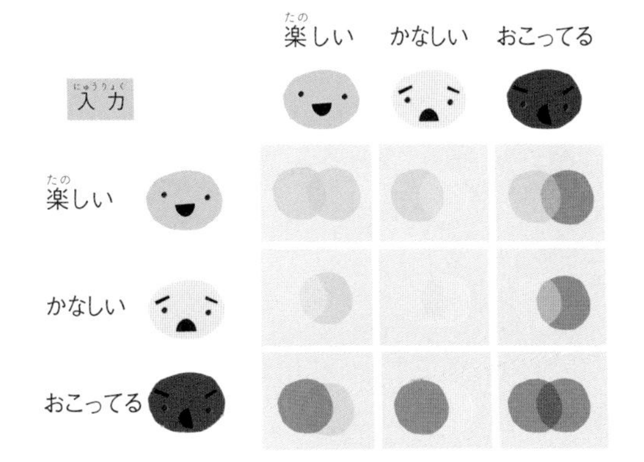

ワークシートと絵文字のお面を、
shoeisha.co.jp/book/rubynobouken/play/27 のサイトからプリントアウトしよう。

れんしゅうもんだい 16：強化学習

つながってる

ニューラルネットワークは、コンピューターがものをおぼえるやり方の1つ。右のページには、車とキャンピングカーとヘリコプターの絵がある。これらの絵がニューラルネットワークの学習に使われるよ。

1. 車の絵を見よう。ニューラルネットワークの1番目のたての列で、いくつ車の特徴を見つけられるかな？
2. 2番目のたての列までのつながりを指でたどってみよう。2番目のたての列で、車の特徴をいくつ見つけられる？
3. ちがう道をたどって、3番目のたての列まで進もう。3番目のたての列で、車の特徴をいくつ見つけられる？
4. さいごに、ニューラルネットワークで見つけた、車とかかわる特徴をぜんぶ数えよう。
5. 同じれんしゅうをキャンピングカーとヘリコプターでもやってみよう。
6. どの乗り物がニューラルネットワークで一番、数が多かった？　それが一番「情報があった」ってこと。またどれが一番少なかった？

ニューラルネットワークの考え方は、人間の頭の中の仕組みをまねしてるんだ。
ふつうは、ネットワークは情報をあつかういくつかのたての列（層）を持ってるよ。

機械にりんごを教えるニューラルネットワークゲームを、shoeisha.co.jp/book/rubynobouken/play/28のサイトから、プリントアウトしよう。

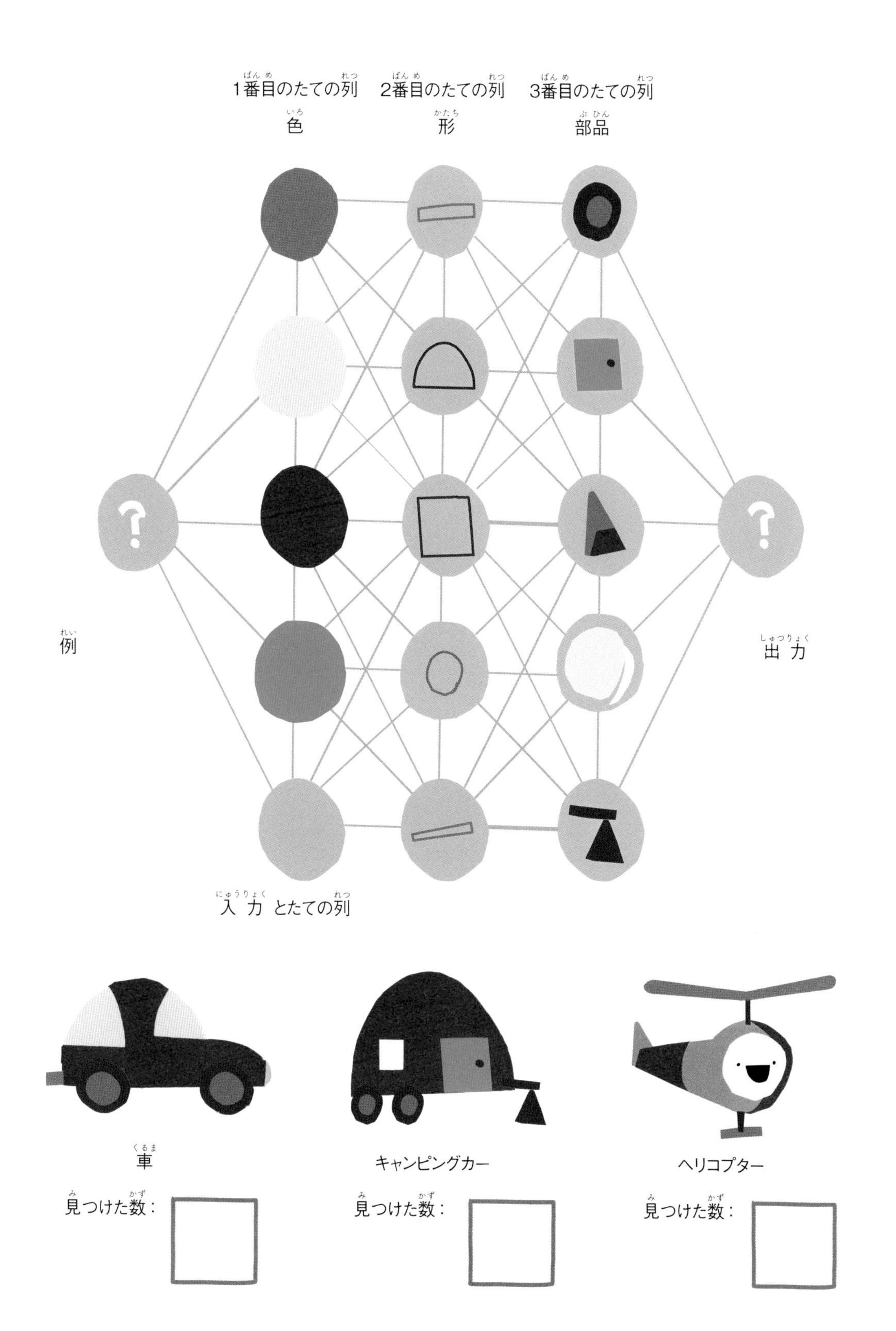
1番目のたての列
2番目のたての列
3番目のたての列
色
形
部品
例
出力
入力とたての列
車
キャンピングカー
ヘリコプター
見つけた数：
見つけた数：
見つけた数：

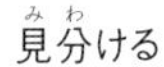

見分ける

出力　ピザ

見分ける

出力

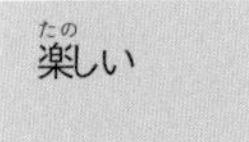

機械学習はどこで使われる？

ロボットがものの形を見たり、言葉を聞き分けたり、動いたりできるのは、みんな機械学習のおかげだ。
いろんな機械学習のアプリケーションが毎日の生活で使われている。きみが気づかなくてもね。

おどうぐ箱

機械学習は、たとえばコンピューターゲーム、検索エンジン、動画のおすすめ、スマートフォンのアシスタント機能などに使われています。
コンピューターが画像を捉えて見分けることで、画像から似た顔を見つけたり、封筒から宛先の住所を読み取ることができます。
音声と画像認識によって、コンピューターは話しかけられたり、書かれたりした文章を理解することができます。機械は音声をその場でテキストに変換することもできます。
ロボットは人間のように見えるでしょう。ですが、その振る舞いはセンサーと機械学習に基づいているのです。
ロボットは、たとえば声の高低、表情や動きから、その人がいい状態か悪い状態かを推測することができます。

機械学習を使ったアプリケーション　センサー
音声認識　機械の視界　ロボット

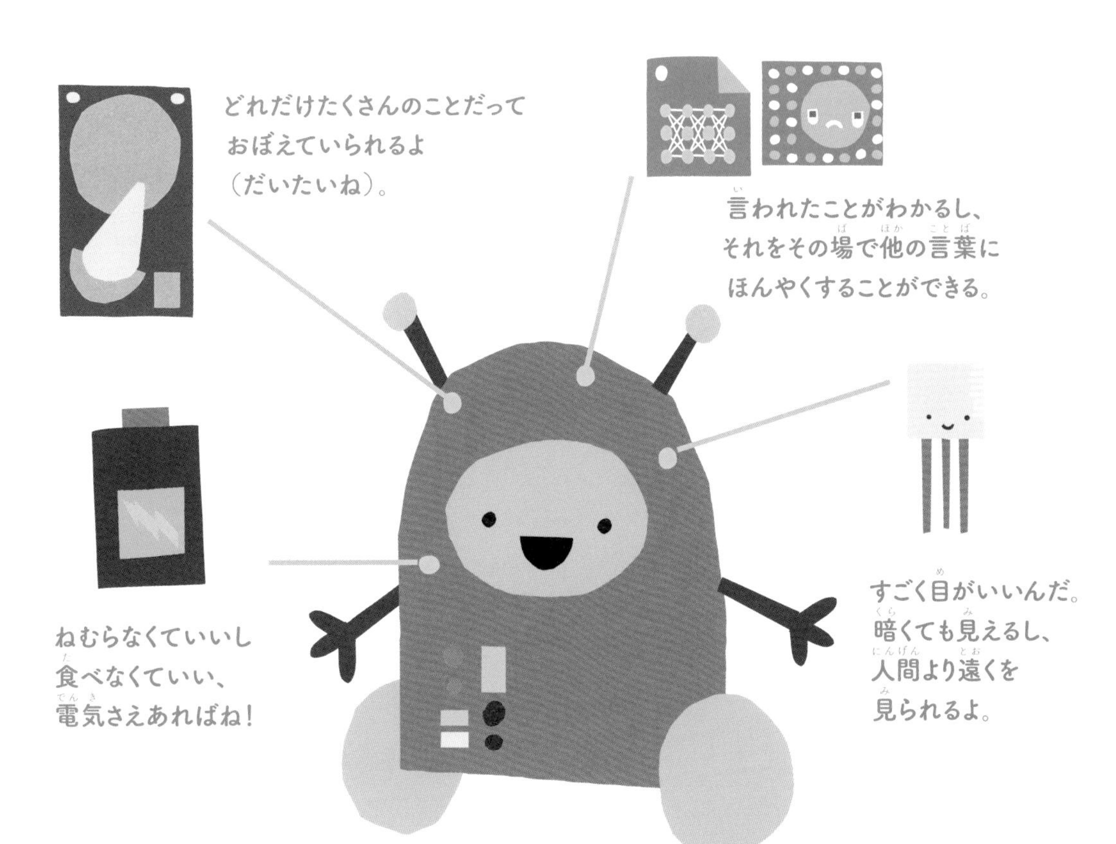

センサー

センサーはまわりでなにかが起こったり、かわったりしたら、それを見つけて出力にするんだ。

おんどセンサー

おんどがかわるのを見つける。

動きセンサー

動きがかわるのを見つける。
たとえばドアが開こうとしているか。

光センサー

夕方や朝なんかに、明るさがかわるのを見つける。

しめりけセンサー

しめりけがかわるのを見つける。
たとえば外で雨がふってるかどうか。

押される力センサー

押される力がかわるのを見つける。たとえばイスにすわったり、ボタンを押したとき。

なぞセンサー

他にどんなセンサーを思いつく？

れんしゅうもんだい 17：センサー

わかった！

人間は、自分の感じたことを通して、まわりのことがわかるようになっていく。感じることと頭で考えることは、いっしょにはたらくんだ。ものを聞くための耳、ものを見るための目を持ってる。いろんなもののにおいや味を感じることができる。だれかに触られたらわかる。
ロボットは、センサーと機械学習のソフトウェアを使って、まわりに合わせて動くんだ。

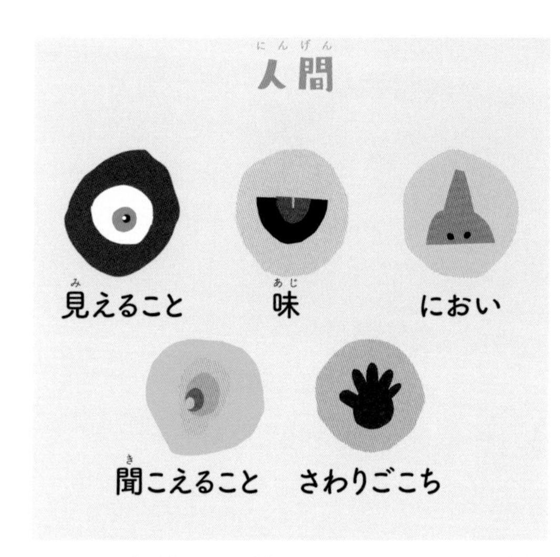

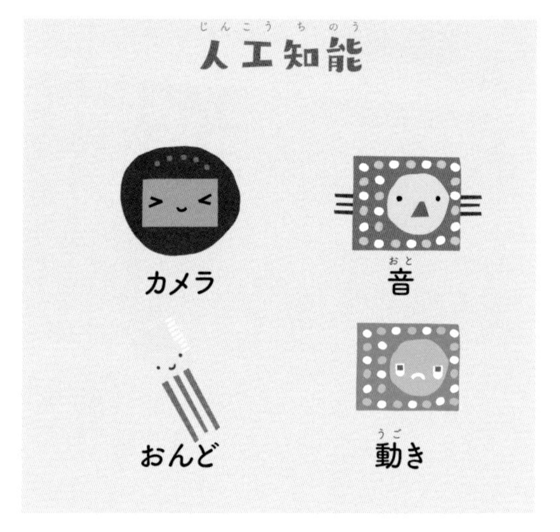

ルビィが学校に行く前にすることには、どの感じる力がいるかな？　それぞれ、上の5つからえらんでみて。

起きる

朝ごはんを食べて、動画を見る

歯をみがく

ロボットはどうかな？
使いそうなセンサーを3つえらんでみて。

そうじきかけ

お花への水やり

車のうんてん

他にどんなセンサーがあるか知ってる？

9つの四角を用意しよう！

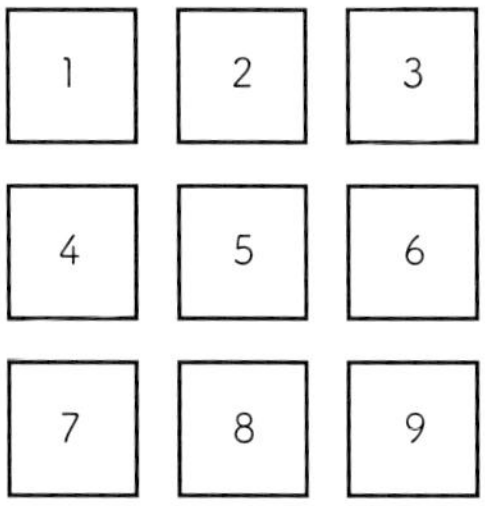

1	2	3
4	5	6
7	8	9

れんしゅうもんだい 18：コンピューターに見えるもの

スクリーンショット

コンピューターは人間と同じに見えてるわけじゃない。
さかい目と、表面と、形がわかるんだ。
コンピューターには、人間には見えないものも見える。暗いところでも見えるし、とっても大きなデータの中の仲間はずれもすぐに見つけられるよ。

- 2つの絵が見えるように、四角をならべかえよう。
- まずノートに四角をならべる（このページの右上のように）。たて3つ、よこ3つ。
  〔1〕が1番上の行の左角になるように、〔9〕が一番下の行の右角になるように、それぞれの四角につづけて番号をふる。
- 第1問をやってみよう。まず、1番の図をさがして、さっきつくった〔1〕の四角に同じ形をかきうつす。次に、〔2〕も同じようにする。四角がぜんぶうまるまでつづける。
- 第1問ではどんな絵が出てきた？　第2問ではどうかな？

第1問

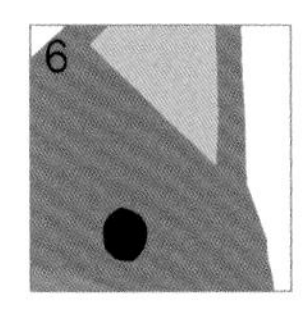

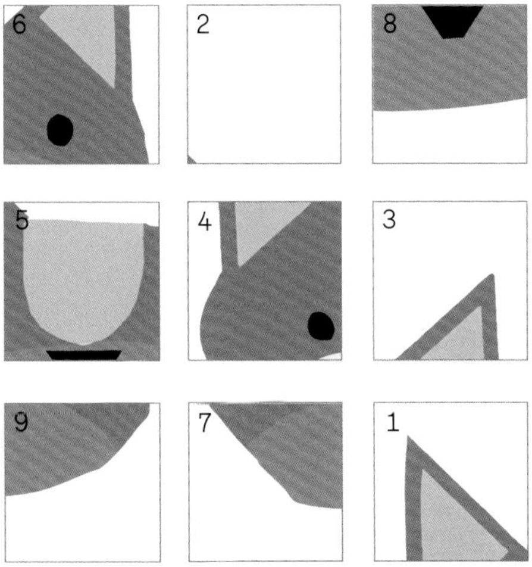

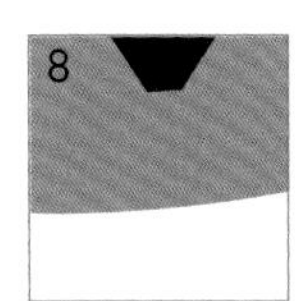

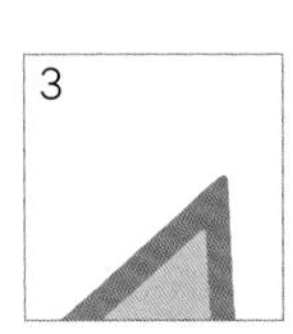

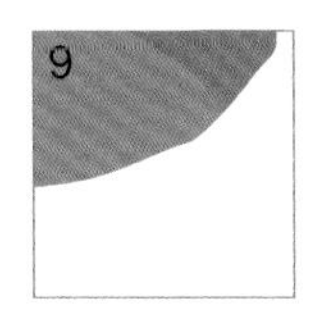

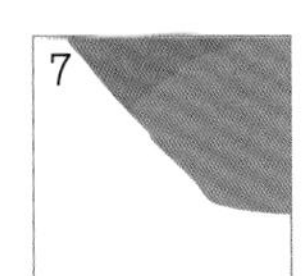

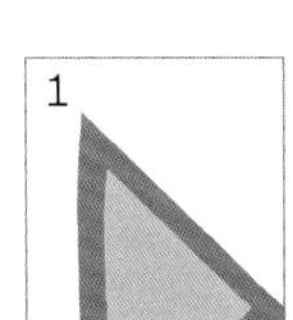

第2問

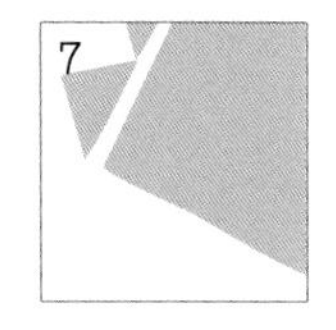

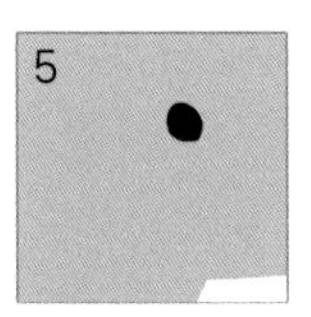

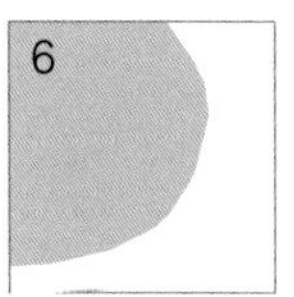

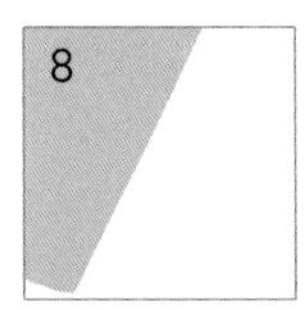

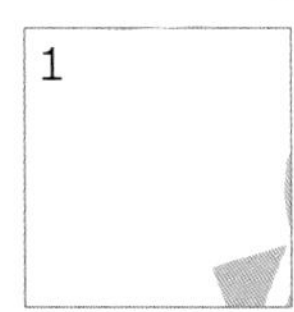

いっしょに考えよう

コンピューターは世界をどんなふうに見てるんだろう？
自由に考えて、絵にかいてみて。

このれんしゅうもんだいを、
shoeisha.co.jp/book/rubynobouken/play/29
のサイトからプリントアウトしよう。

れんしゅうもんだい 19：音声認識

かってにおしゃべり

コンピューターが言われたことを聞き分ける力は、このところどんどんすごくなってる。音声認識のアプリケーションで、コンピューターと話し合うこともできるんだ。
コンピューターの答えは、ときどきちんぷんかんになる。コンピューターがまだその言葉の意味をわかってないからね。コンピューターとたくさん話をすればするほど、コンピューターはきちんと上手に話せるようになるよ。
ルビィは、学校のことについてしつもんに答えてくれる、自分だけの音声アシスタントをプログラミングしたよ。
ルビィのしつもんのサンプルを、学習データとして集めるのを手つだってあげて。AIはなんて答えるかな？　きみが学校でならっていることについても、しつもんとその答えを考えてみて。

いっしょに考えよう

どんな声がコンピューターにはピッタリかな？
人間は、他の人じゃなくて機械に話しかけてるってこと、かならず知っておいたほうがいいと思う？

何分かの間に、何百万時間分のおしゃべりを聞けるよ。でも、ときどきかんたんな言葉でこまっちゃうこともあるんだ。

入力　アップル

出力　会社の名前
くだものの名前

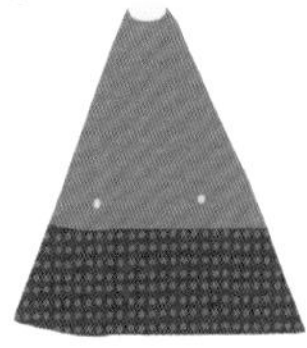

1. 人間がどんな言い方をするか考える。
2. サンプルを集める。
3. 集めたサンプルを、
   コンピューターの学習に使う。
4. 答えを考える。

学習データ

アシスタント

書き取り

学習って漢字でどう書くの？

学習の書き方は？

かんたんだよ。「学ぶ」と「習う」、「習う」は「羽」の下に「白」。

計算

8 × 5 は？

リマインダーのセット

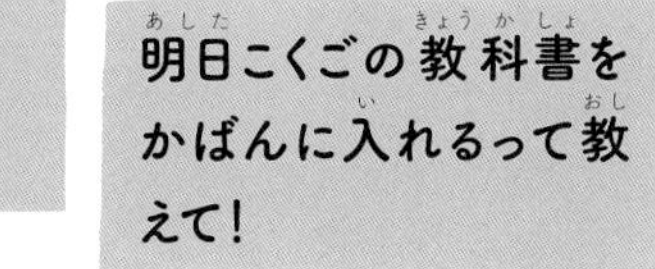

目ざまし時計のセット

朝の7時に目ざましを鳴らして！

宿題

宿題なんだっけ？

天気

天気はどう？

れんしゅうもんだい 20： 機械学習を使ったアプリケーション

動かせ、動かせ

ロボットは、その場にあわせて動くことができる。機械学習のおかげだね。ルビィとジュリアは、ロボットにジャマものありのコースをつくって、教室での動きかたを教えることにしたんだ。
一円玉を1つ用意して、それを左上の角の「スタート」の場所におこう。まわりの四角の1つをえらんで、下にある指示を読もう。それぞれのジャマものに合わせた動きかたが書いてあるよ。だれがロボットに会えるかな？

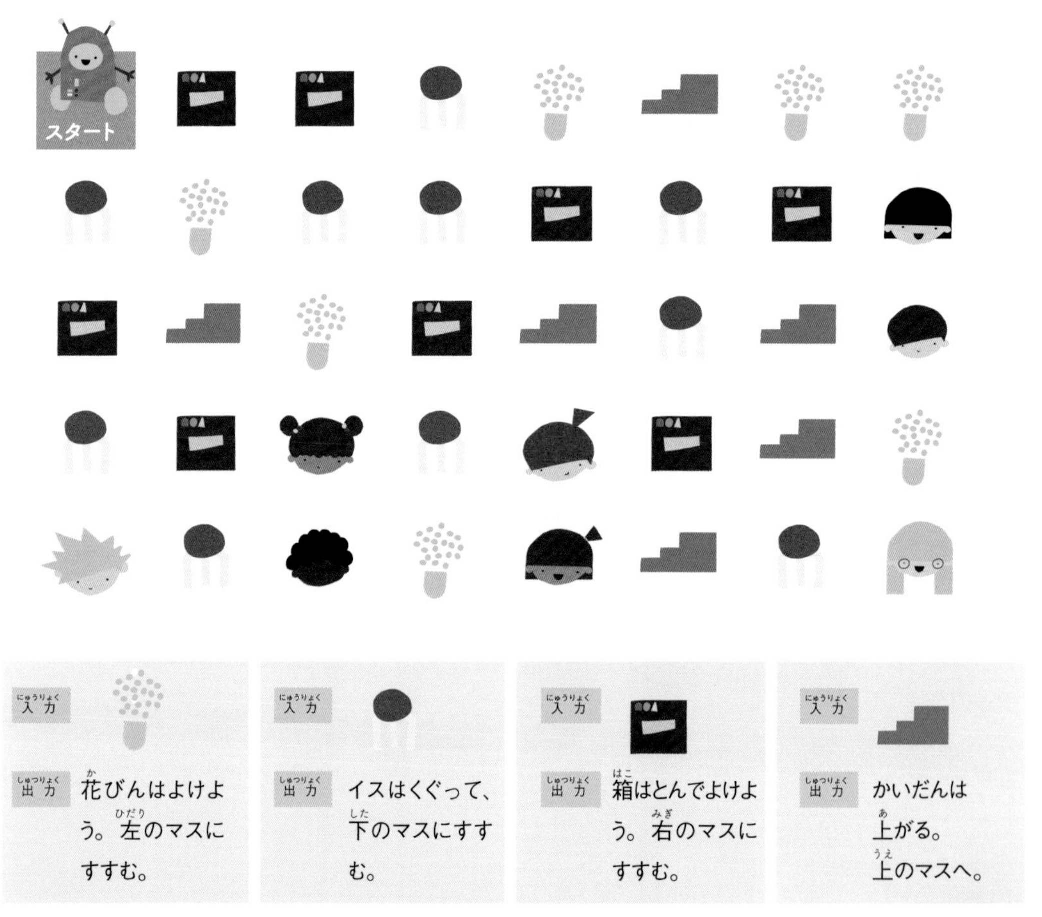

教室のせっけいずを、shoeisha.co.jp/book/rubynobouken/play/30 のサイトからプリントアウトして、自分でジャマものコースをつくってみよう。

れんしゅうもんだい 21： 機械学習を使ったアプリケーション

とびのれ！

自動運転車は、たくさんの機械学習を使ってる。道をえらぶのにも、交通ひょうしきを読み取るのにも、道を歩く人を見分けるのにも。
自動運転車が新しいことをおぼえたら、すぐに他の車にも教えられるんだ。

ナビゲーションシステム

黄色い車から家までの、1番近い道をたどってみて。

道を歩く人を見分けるシステム

黄色い車から家まで、何人の子どもがいるかな？

力を合わせる

インターネットにつながってなくて、新しい情報を受け取れないのはどの車？

交通ひょうしきを見分けるシステム

黄色い車の機械学習システムがまだおぼえていない交通ひょうしきを、地図から見つけよう。

れんしゅうもんだい 22： ロボット

自分だけのロボット

ロボットはときどき、人間みたいな形で絵にかかれるね。でも世界には、たくさんのしゅるいのロボットがある。
ロボットは海のそこをたんけんする“せんすいてい”かもしれないし、空中をとぶドローンかもしれない。お皿洗い機ってことだってあるよ。
自分だけのロボットをデザインして、その絵をノートにかいてみよう。そのロボットはなんのためにいるのかな？
きみのロボットができることと、それにはどんなセンサーや機械学習のシステムがいるのかを考えてみよう。

- ロボットの形を考えるのに、下の図や形を使ってもいいよ。
  四角いかこみも用意して、そこにロボットの名前と、なんのためにいるのか、それからその機能を書きこもう。ロボットの情報ボックスをつくるってこと。
- これもやってみよう。ロボットのもけいをつくる。すきなざいりょうでいいよ。だんボールでも、ペットボトルのふたでも、アルミとコルクぬきでも。
  はさみ、色えんぴつ、のりとテープもいるかもね。

ロボットの形や部品を、shoeisha.co.jp/book/rubynobouken/play/31 のサイトからプリントアウトできるよ。

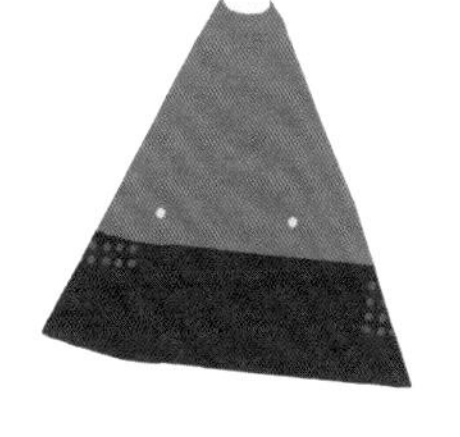

ヘイ、Siri

ワトソン、元気?

調子はどうだい?
ディープマインド。

たいちょう ：50cm
たいじゅう：2.7kg
からだ　　：ふわふわしたたまご形

機能：
カメラ。使う人を見分けられるようになる。目を動かすこともできる。
マイク。言われたことがわかるし、自分の名前を聞き分けることもできる。
スピーカー。音の鳴らし方も知ってる。
押される強さセンサー。触られたことがわかる。
光センサー。明るさのへん化によって、1日のリズムを感じることができる。
おんどセンサー。ロボットはおんどがかわったことを感じる。

使われる目的：
ふわふわロボットの仕事は、みたされた気持ちをはこんできて、おちついたひとときをつくること。人間はこのロボットをかわいがって、すてきな時間をすごすことができる。

いっしょに考えよう

ロボットとどんなふうに
つき合えばいいかな?
ロボットは機械、おもちゃ、ペット、
それとも友だち?
ロボットにらんぼうな口をきいたり、
たたいたりできる?

アイザック・アシモフは「ロボット三原則」を考え出した。
・ロボットは人間をきずつけてはいけない。また、なにもしないことで、人間がきずつくのを見すごしてはいけない。
・ロボットは、人間の命令をきかなければいけない。ただし、1番目のルールにさからうことになる場合はべつ。
・ロボットは自分を守らなければいけない。ただし、1番目と2番目のルールにさからうことになる場合はべつ。

5

AIはどうやっていいと悪いを見分けるの？

ロボットはクレヨンで教室をめちゃくちゃにしたり、パンダのぬいぐるみをかべにキックしたりしたよね。
物語ではさいごにはうまくいったけど、ほんとの世界でAIがめちゃくちゃなことをしたら、だれがあとしまつするんだろう？

おどうぐ箱

AIは、人間に関わるたくさんの選択を決定し、導きます。
だからこそ、AIについて疑いと恐れが抱かれるのです。
AIは人間から、何が正しくて何が間違いなのかを学びます。
けれどわたしたち人間は、コンピューターに自分自身の偏見も映してしまうかもしれませんし、誤って機械に間違いを教えてしまうかもしれません。
学習データが偏っていたり、コンピューターの役目がはっきりしなかったりしたために、コンピューターがおかしな決定をすることはたくさんあります。

道徳／倫理　偏見

れんしゅうもんだい 23： 偏見、かたよったものの見方

ルビィ先生

ルビィはいろんなものをコンピューターが見分けられるように、
たくさんのサンプルを集めたよ。
でも、コンピューターの出した答えはまちがってる！
コンピューターがなにをまちがえたか、わかる？
それから、どんなサンプルを学習データに入れればいいかな。
絵をかいたり、ざっしから切りぬいたり、写真をとってみよう。

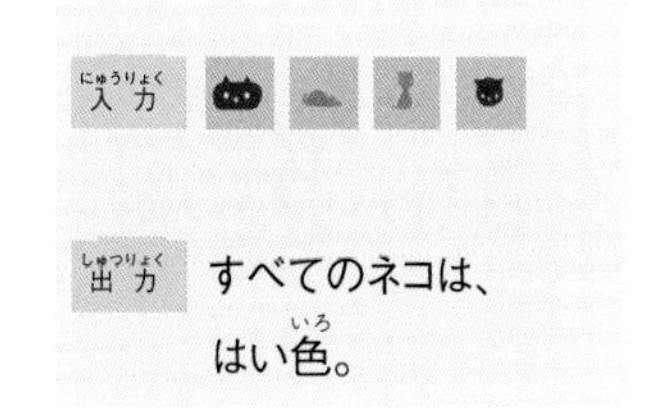

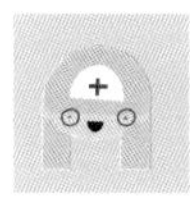

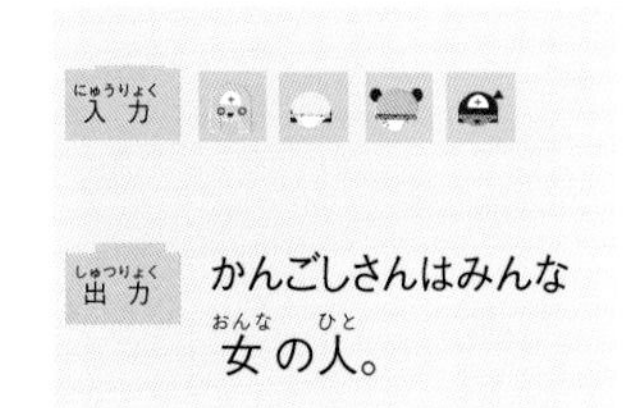

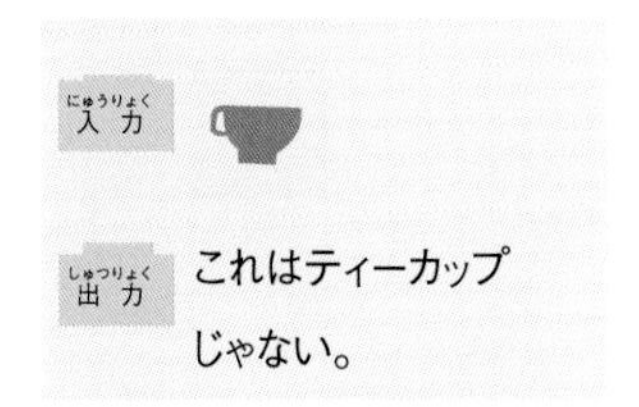

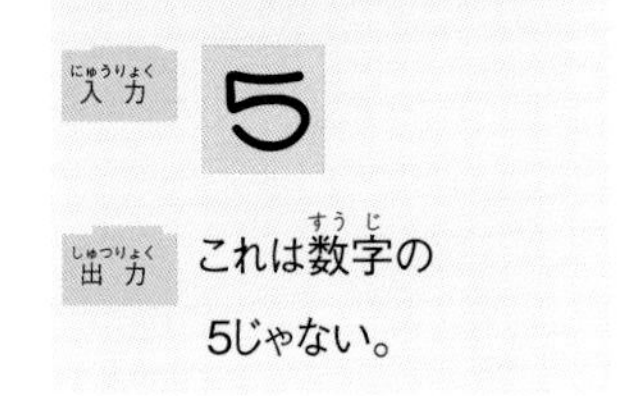

れんしゅうもんだい 24： 倫理／道徳

目的まいご

人工知能（AI）の目的を決めるときは、やり方に注意しよう！
コンピューターは目的をはたしたい。目的のりくつが通ってるかどうか、行動がよくないことをひき起こすかどうかをよく考えて、やることを止めたりはしない。
AIの目的をどういうふうにかえたら、悪いことが起こらないようになるかな？

目的は、できるだけたくさんのクリップをつくること。

車をクリップにかえちゃおう！

もっといい目的の決め方は？

目的は、お庭に虫がいなくなるようにすること。

草木をぜんぶひっこぬいちゃおう、
そしたら虫もいなくなるよ。

もっといい目的の決め方は？

目的は、まどのところにおいた花に水やりすること。

水やりのホースを開けっ放しにしたら、
お花はたくさんお水をもらえるよ。

もっといい目的の決め方は？

「データおにごっこ」というあそびがあるよ。友だちとやってみよう。
くわしくは shoeisha.co.jp/book/rubynobouken/play/32 のサイトを見てね。

れんしゅうもんだい 25： 倫理／道徳

人間、それとも かしこい機械？

50年前にもう、アラン・チューリングは、機械がどれくらい上手に人間をまねするかをはかるテストを考え出してた。
そのテストでは、人間と機械が同じしつもんに答えて、その答えを見た人が、どっちが人間かを当てるんだ（のぞき見なしでね！）。
チューリングは、もしコンピューターの答えが人間と見分けがつかなかったら、そのコンピューターには自分で考える力があると考えた。
どっちがジュリアの答えかな？　ルビィが当てられるよう助けてあげて。きみが、こっちがジュリアだと考えたのは、どうして？

本を読むのはすき？	うん！	うん、本を読むのはすき。
8 ＋ 2 は？	ちょっとまって… 10。	10
だれと一番なかよし？	ルビィ！	みんなとなかよくするのが大事だと思う。
学校にはじめて行った日のこと教えて。	はじめての日は、ルビィといっしょに学校に行ったよ。	すぐには思い出せないな。

いっしょに考えよう

スマートフォンのアシスタントに、ルビィのしつもんを聞いて、どんな答えを返すかやってみよう。もっと他のしつもんでもいいね。まず友だちに答えを聞いてから、アシスタントがどう答えるかやってみよう。

れんしゅうもんだい 26： 倫理／道徳

自分でキャプチャをつくってみよう

たくさんのウェブサイトが、ユーザーが本物の人間で、ロボットじゃないってことをたしかめたいって思ってる。「キャプチャ」はユーザーに数字や、文字や画ぞうがどれかを見分けてもらうツールだ。
ふつう、人間にはかんたんなしつもんだけど、コンピューターにはむずかしいんだよ。

きみがキャプチャに答えて、画ぞうをえらんだり正しいものをクリックしたりしているときはいつも、それが学習データになって、AI がよりかしこくなる役に立っているんだよ。

わたしはロボットではありません。

わたしはロボットではありません。

自分でキャプチャをつくってみよう。絵でもいいし、数字でも文字でもいい。
答えを書きこめるところをつくろう。
友だちがテストにちゃんと答えられるかためしてみて。

キャプチャ（CAPTCHA）は、えい語の「Completely Automated Public Turing test to tell Computers and Humans Apart（コンピューターと人間を見分けるための、すべて自動化された公開チューリングテスト）」の頭文字を集めたものだよ。

キャプチャのワークシートを、shoeisha.co.jp/book/rubynobouken/play/33 のサイトからプリントアウトできるよ。

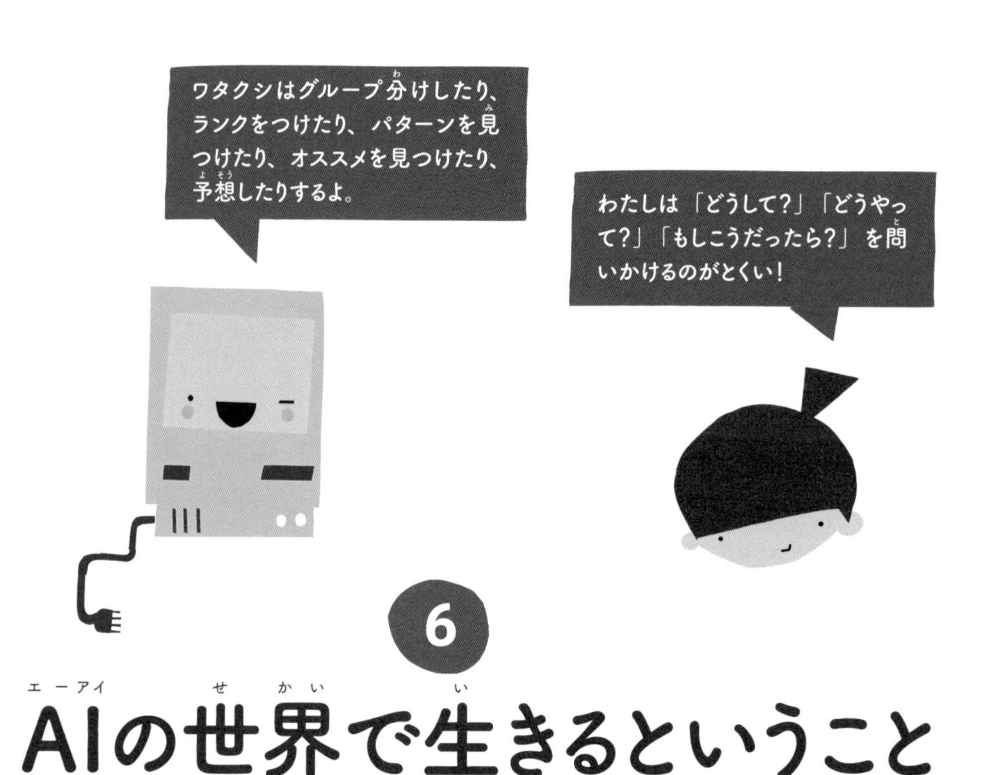

6

AIの世界で生きるということ

AIは犬? それともゆうれい、友だち、助手、はたらきバチ? それともぜんぜんちがうもの?
まちがいないのは、人間とAIはいっしょにうまく、すごいことがやれるってこと。

おどうぐ箱

これから、人工知能によって、今わたしたちがやっている仕事の一部がおきかえられていくでしょう。
けれどすべての仕事が機械でできるわけではありませんし、そうするべきでもありません。社会的スキル、共感そして想像力は、人間の側に強みがあります。計算、論理、決まった仕事はAIが優れている分野です。人間は疑問を抱いたり、目標を設定するのが得意です。人工知能は限られた範囲の答えを出すのが得意です。

未来

AIはあいぼう？

機械学習とAIは今、たとえばけんさくエンジンや、医学や、生物学、金ゆうやコンピューターゲームに使われてるよ。
商品やサービス、作品のおすすめにも使われる。
これからの世界では、人工知能はほとんどの仕事で人間といっしょにはたらくようになるんじゃないかな。

人間にはかんたんで、機械にはむずかしい	人間にもかんたんで、機械にもかんたん
人間にもむずかしくて、機械にもむずかしい	人間にはむずかしくて、機械にはかんたん

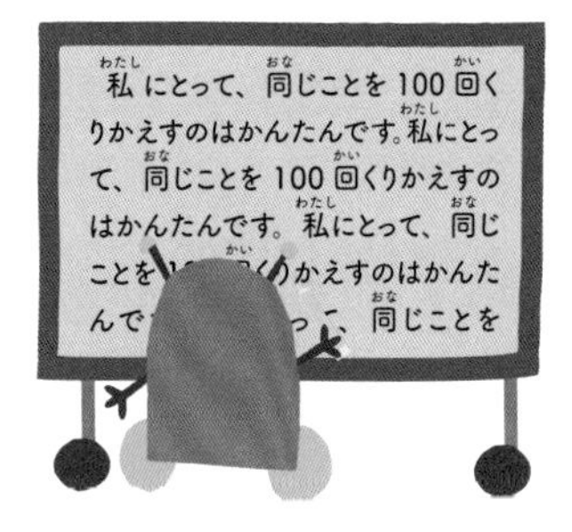

いっしょに考えよう

次の仕事は、上のマス目のどの場所におけるかな？ ①先生、②しょうぼうし、③パイロット、④ベビーシッター、⑤コック、⑥けいさつかん、⑦キャンディ工場の品質管理の人。それぞれのばんごうを、あてはまるマスに書いてみよう。どうしてそう思ったのかもせつめいしてね。

れんしゅうもんだい 28： これからの世界

人工知能（AI）が、農家の人、歯医者さん、パン屋さん、ジャーナリストの役に立つやり方を考えよう。
人間は、それでできた自由な時間でなにができるかな？

農家の人

AIは農家が、畑から、作物に悪い虫を見つけ出すのを助けてくれる。
下の絵から、作物に悪い虫を20秒で何びき見つけられるかな？
作物の役に立つ虫も数えてみよう。

作物に悪い虫 ―――― 見つけた数：

作物の役に立つ虫 ―― 見つけた数：

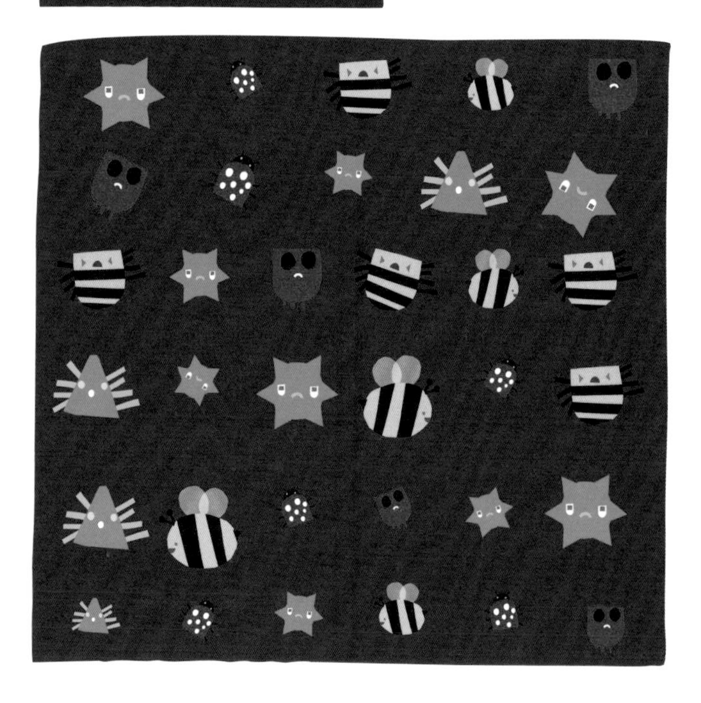

れんしゅうもんだい 29： これからの世界

歯医者さん

この先、歯医者さんはAIに手助けしてもらうことになるだろう。
AIは、子どもの歯の X 線写真から、おかしなところをすばやく見つけられるよ。
だれの歯が足りないかな？　だれに虫歯がある？

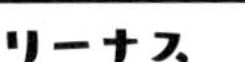

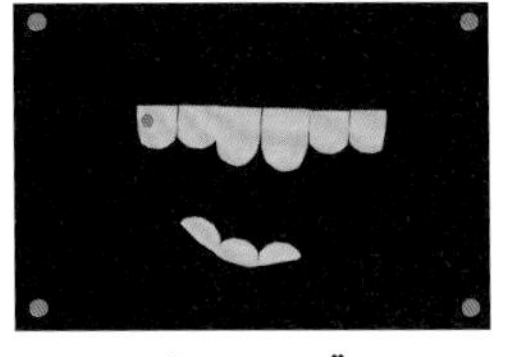

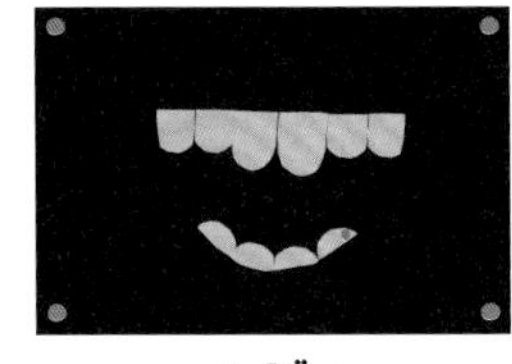

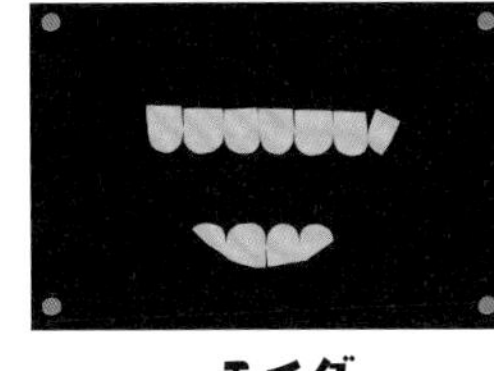

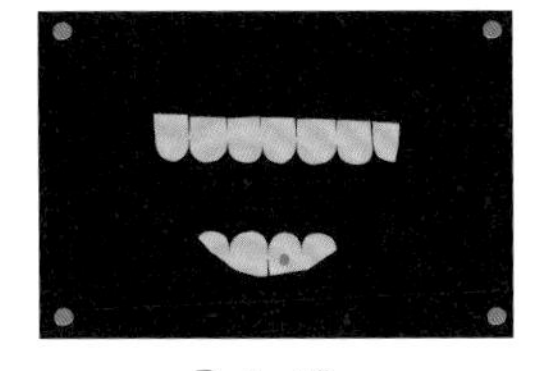

ジャーナリスト

AIは、ニュースを書くのを手つだってくれるよ。
下にあるのは、AIのために集めたスポーツニュースの決まり文句だよ。
サッカーの試合のニュースを書こう。
文を3つ以上えらんで、必要な情報をつけくわえよう。ニュースを、自由に考えてかんせいさせてね！　タイトルもつけよう。

- 試合は＿＿＿＿点どうしで引き分けだった。（ゴールの数）
- ＿＿＿＿が＿＿＿＿にしょうり。（チームの名前）（チームの名前）
- 試合は＿＿＿＿点で終わった。（ゴールの数）
- この試合のはじめてのゴールは＿＿＿＿が決めた。（せんしゅの名前）
- ＿＿＿＿試合目の決勝ゴールは＿＿＿＿点目。（試合の数）（ゴールの数）
- 勝ったチーム＿＿＿＿は本シーズンのじゅんいを守った。（チームの名前）
- ＿＿＿＿は本シーズンの首位をかけてたたかう。（チームの名前）
- 負けた＿＿＿＿は本シーズンの一番下位になった。（チームの名前）

いっしょに考えよう

べつの記事（たとえばお天気！）をとりあげて、
記事の見出しを書くAIに教えたい言葉をしらべてみよう。

れんしゅうもんだい 30： これからの世界

パン屋さん

人工知能は、パン屋さんのために、新しい商品をつくりだしたり、いろんなカップケーキを考え出したりするのにさんかした。
マス目の横の一行目には、カップケーキのかざりがいろいろならんでいる。一番左のたての列では、カップケーキを入れる紙のカップがならんでる。
AＩはもれなくきちんと、すべての組み合わせをためしてみて、人間が考えなかったようなアイディアを出すよ。

1	2	3	4
5	6	7	8
9	10	11	12
13	14	15	16

このカップケーキは何番？

このカップケーキは何番？

９番のマスにはどんなカップケーキがある？
５番のマスには？

きみが食べたいカップケーキを絵にかいてみよう。

きみとAI

AIは、次のお仕事をどんなふうに助けてあげられると思う？

運転手

おそうじやさん

まちづくりプランナー

先生

動物のおいしゃさん

ファッションデザイナー

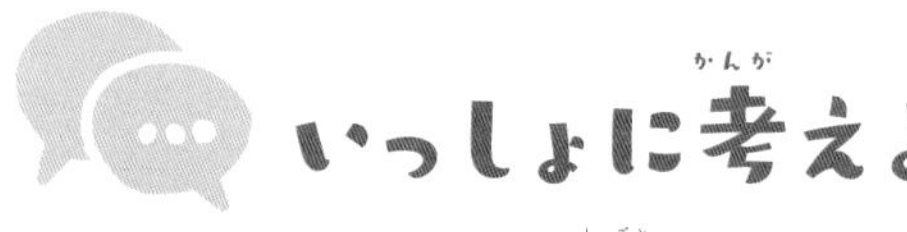

いっしょに考えよう

きみがやりたい仕事では、どんなしゅるいのAIといっしょにはたらけるかな？

れんしゅうもんだい 31： これからの世界

ロボットの通知表

ロボットのはじめての学校は、さいごにはよくできてたよね。新しい名前と、バッジと通知表がもらえた。こんどは、きみがブライトの1日に点をつける番だよ。
それぞれのこうもくに、きみならいくつ星をつけてあげる？　たくさん星がつくほうが、いいせいせきだよ。
どうしてその星をつけたのかも教えてね。

なまえ ＿＿＿＿＿＿＿＿

ルールを守る	☆☆☆☆☆
じゅぎょうの間、よくお話を聞く	☆☆☆☆☆
他の人が話している間は、その話を聞く	☆☆☆☆☆
みんなの中に入る	☆☆☆☆☆
言われたとおりにする	☆☆☆☆☆
かたづけをちゃんとする	☆☆☆☆☆
せきにすわっている	☆☆☆☆☆
時間をむだにしない	☆☆☆☆☆
他の人のジャマをしない	☆☆☆☆☆
しずかに行動する	☆☆☆☆☆
役目をはたすために、自分で考えて行動できる	☆☆☆☆☆
助けがいるときはおねがいする	☆☆☆☆☆
先生にれいぎ正しくする	☆☆☆☆☆
他の人と力を合わせる	☆☆☆☆☆

よくなったところ：＿＿＿＿＿＿＿＿

強み ＿＿＿＿＿＿＿＿

いっしょに考えよう

ブライトはどんなことをよくやれたと思う？
まだれんしゅうがいるのはどこかな？

ブライトのバッジと通知表を、
shoeisha.co.jp/book/rubynobouken/play/34 のサイトからプリントアウトしよう。

用語集

アルゴリズム：アルゴリズムは、ある問題を解決するための、具体的な手順の集まりです。

人工知能（AI／エーアイ）：人工知能（AI：Artificial Intelligence）は、まだ経験したことのない状況で、理にかなった振る舞いをするための、プログラムと機器の組み合わせです。AIによって機械は、人間の考える力を当てにせず、何をやればいいかを学びます。弱い人工知能とは、ある限定された仕事について訓練され、問題を解決できるものです。強い人工知能は、人間のようにさまざまな問題を扱えるものですが、これはまだ開発されてはいません。

偏見、偏ったものの見方：学習データをあれこれ選り好みするのは、現実の状況を反映してはいません。たとえば学習データが間違っていたり、バランスが偏っていれば、結果も偏った、不正確なものになるでしょう。

キャプチャ（CAPTCHA）：ウェブページやサービスのユーザーが人間で、ロボットでないことを確かめるための方法。CAPTCHAは、英語のCompletely Automated Public Turing test to tell Computers and Humans Apart（コンピューターと人間を見分けるための、すべて自動化された公開チューリングテスト）の頭文字を集めたものです。

倫理：倫理は、正義や誤りについての問いを扱うものです。

特徴：機械学習のモデルに使われるデータの特徴。

ハードウェア：コンピューターシステムの物理的な部分。ディスプレイ、構成部品、キーボードなど。

機械学習：機械学習は、例にもとづいて仕事の解決の方法を学ぶ、コンピューターの能力です。
機械学習では、コンピューターに1つずつの手順を教える必要はなく、機械は学習データと学習アルゴリズムを通じて、反応を予測できるよう学びます。

モデル：学習データ、学習アルゴリズム、機械学習の力を借りて、コンピューターは「モデル」をつくり上げます。人間はそのモデルが正しく動いているかどうか、検証データを使って確かめます。

プログラミング：ある特定の仕事をこなすために、コンピューターに与えられる指示のこと。プログラマーは、コンピューターが理解できる言葉でその指示を書きます。
たくさんのいろいろなプログラミング言語があります。

強化学習：強化学習は、経験から学ぶ学習です。コンピューターは、目標と、いろいろな状況でどのように動くのがいいのか評価を与えられます。
コンピューターはいろいろな状況で、プログラミングを試してみます。プログラムがうまくいけば、コンピューターはよい評価を得て、そちらへ進み続けるように方向付けられます。
うまくいかなければ、そのプログラムは捨てられます。

ロボット：ロボットはふつう、コンピューターを使って物理的な環境でいろんなことをできるようにプログラムされた機械や機器です。
ロボットは、さまざまな環境でさまざまな仕事をこなします。たとえばスマートフォンのアシスタントなど。

センサー：センサーは、まわりに何か起こったり、変化したりしたことを感知して、出力をつくります。センサーは、たとえば温度や明るさ、押される強さを測ることができます。

ソフトウェア：ソフトウェア、アプリケーション、データのことです。コンピューターの、手で触れることのできない部分です。

教師あり学習：望ましい結果が事前に知られている場合に使われる、機械学習のアルゴリズム。教師あり学習では、コンピューターは正しい答えのサンプルを学習材料として与えられます。
教師あり学習は予測にも使うことができます。十分なデータがコンピューターに与えられると、コンピューターは予測ができるようになります。たとえば、明日の天気や、次に一番買われそうなコンピューターなど。

学習データ：訓練データとも言います。機械学習アルゴリズムに使われるデータ。学習データには文章、画像、音や動画があります。

教師なし学習：教師なし学習は、コンピューターがデータの中からパターンを見つけます。コンピューターは、どの分類にも属さない、いろいろな「はずれ」を見つけることができます。

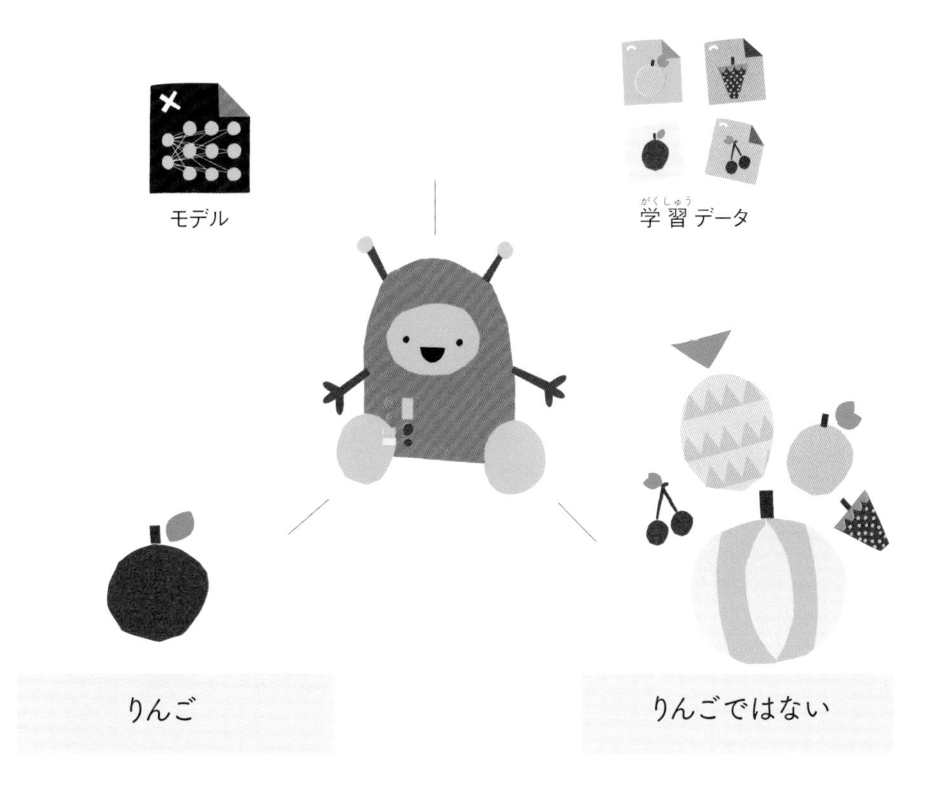

リンダ・リウカス はフィンランド、ヘルシンキ出身のプログラマーであり、作家であり、イラストレーターです。

ルビィのぼうけんのアイディアは、2014年にキックスターター（Kickstarter）で発表され、たった三時間と少しで10,000ドルの目標金額を達成。プロジェクト進行中に、キックスターターで最も資金を集めた子ども向けの本の1つとなりました。

シリーズ第一作目『ルビィのぼうけん　こんにちは！プログラミング』は2016年、第二作目『ルビィのぼうけん　コンピューターの国のルビィ』は2017年、第三作目『ルビィのぼうけん　インターネットたんけん隊』は2018年に出版されました。

ルビィのぼうけんシリーズの版権は、2019年時点で25か国以上に販売されています。2017年には、ルビィの遊び心に満ちた教育哲学が、中国で最も大きなデザインの賞、DIA（Design Intelligence Award）の金賞、2018年にはドバイ国際博覧会賞（the Dubai World Expo grant）を受賞しました。

リンダはコンピューターサイエンス教育の世界での中心人物の一人です。彼女のTEDでのトーク、「子供に楽しくコンピューターを教えるには」は、1,800万回以上再生され、2018年にはフォーブスで、ヨーロッパの技術分野の女性のトップの一人に選ばれています。

リンダは、Rails Girlsの創始者の一人でもあります。Rails Girlsは、あらゆる場所で若い女性にプログラミングの基礎を教える世界的な運動です。ボランティアで組織され、ここ数年で300もの都市で開かれています。

リンダはまた、プログラミングを21世紀の教養であり、創造性を形づくる言葉でもあると信じています。私たちの世界はますますソフトウェアによって動かされるようになっています。すべての子どもに、もっとプログラミングを知る権利があるのです。そして、物語は子どもたちにテクノロジーの世界への扉を開く1つの方法です。

リンダはアールト大学で経営、デザイン、エンジニアリングを学び、スタンフォード大学で製品開発を学びました。

helloruby.comから登録することで、毎月のニュースレター（英文）にて、子どものテクノロジー教育についての最新情報とアイディアを受け取ることができます。

lindaliukas.com
@lindaliukas
helloruby.com

鳥井雪（とりいゆき）は、プログラミング言語Rubyを使用するプログラマーです。この本の著者、リンダ・リウカスが創始者の一員であるRails Girlsを、2013年に東京で開催し、その後の日本での開催をサポートしてきました。島根大学で年に1回、Ruby on Rails（RubyによるWeb開発のためのフレームワーク）の授業を数年にわたって行い、オンライン講座でRuby on Railsの授業を担当するなど、Rails初心者のためのワークショップを多数経験しています。

2016年、『ルビィのぼうけん』のワークショップを、福岡・東京・島根において企画・実施（内閣府の子ども霞が関見学デー、小学校の特別授業等）。この他の訳書に、『プログラミング Elixir』（オーム社、笹田耕一と共訳）、『Girls Who Code 女の子の未来をひらくプログラミング』（日経BP）があります。

株式会社万葉技術開発部所属。

訳者のことば

人工知能、AIは、今や誰でも知っている言葉になりました。

とても便利で賢く、様々なことがわかる未来の技術、というイメージで語られるのをよく目にします。一面、AIで人間の仕事が奪われる、AIに支配される、という脅かすような論調の話も聞きます。本当のところはどうなのでしょう？

実際のところ、AIはまだ「なんでもできる」段階では全然ありません。けれど、これからのわたしたちの生活にAIがどんどん関わっていくことも事実でしょう。

AIは今、世界の様々な研究者や技術者が注目し、どんなことができるのか、どういう使い方があるのか、可能性をぐんぐん広げているところです。つまり、AIとわたしたちがどのような関係になるのかは、これからわたしたちが探しながら、決めていくものなのです。

そのような未来を担う子どもたちのために、本書はとても大切な役割を果たしてくれます。

AIの得意なことと人間の得意なことについて。
AIがものを学んでゆくやり方。
人間のあやまりがAIにも伝わることについて、等々…。

わたしたちがAIとどのように関わるのか、その基礎になる知識と、考える糸口を、わかりやすく様々に工夫して伝えようとしています。

もちろんAIとの関わりを考えるのは、子どもたちだけではありません。大人こそ、正しい知識を持ち、AIの利点や問題を把握し、そして発展してゆくAIの力を生かしてどのような社会をつくるのかを考える時期です。その責任を負う大人にも、本書は役立つはずです。

やみくもに期待をかけたり、逆にやみくもに怖れるのではなく、わたしたちの適切な試行錯誤で、AIのある社会をより良いものにしていくために。

日本語版の本書が役立つことを願います。

「ルビィのぼうけん」特設サイト
https://www.shoeisha.co.jp/book/rubynobouken/

こんにちは！
プログラミング

ISBN：9784798143491

コンピューターの国の
ルビィ

ISBN：9784798138770

インターネット
たんけん隊

ISBN：9784798159867

ルビィのぼうけん

AIロボット、学校へいく

2020年3月24日　初版第1刷発行

作	リンダ・リウカス
訳	鳥井 雪（とりい ゆき）
発行人	佐々木 幹夫
発行所	株式会社 翔泳社 （https://www.shoeisha.co.jp）
印刷・製本	大日本印刷株式会社

日本語版デザイン●森デザイン室

●本書へのお問い合わせについては、下記の内容をお読みください。
●落丁・乱丁本はお取り替えいたします。03-5362-3705までご連絡ください。

ISBN 978-4-7981-6354-3　Printed in Japan

本書内容に関するお問い合わせについて

本書に関するご質問、正誤表については下記のWebサイトをご参照ください。お電話によるお問い合わせについては、お受けしておりません。
正誤表● https://www.shoeisha.co.jp/book/errata/
刊行物Q&A ● https://www.shoeisha.co.jp/book/qa/
インターネットをご利用でない場合は、FAXまたは郵便にて、下記にお問い合わせください。
送付先住所
〒160-0006　東京都新宿区舟町5（株）翔泳社 愛読者サービスセンター
FAX番号：03-5362-3818

ご質問に際してのご注意

本書の対象を越えるもの、記述個所を特定されないもの、また読者固有の環境に起因するご質問等にはお答えできませんので、あらかじめご了承ください。
※本書に記載されたURL等は予告なく変更される場合があります。
※本書の出版にあたっては正確な記述につとめましたが、著者や出版社などのいずれも、本書の内容に対してなんらかの保証をするものではなく、内容に基づくいかなる結果に関してもいっさいの責任を負いません。

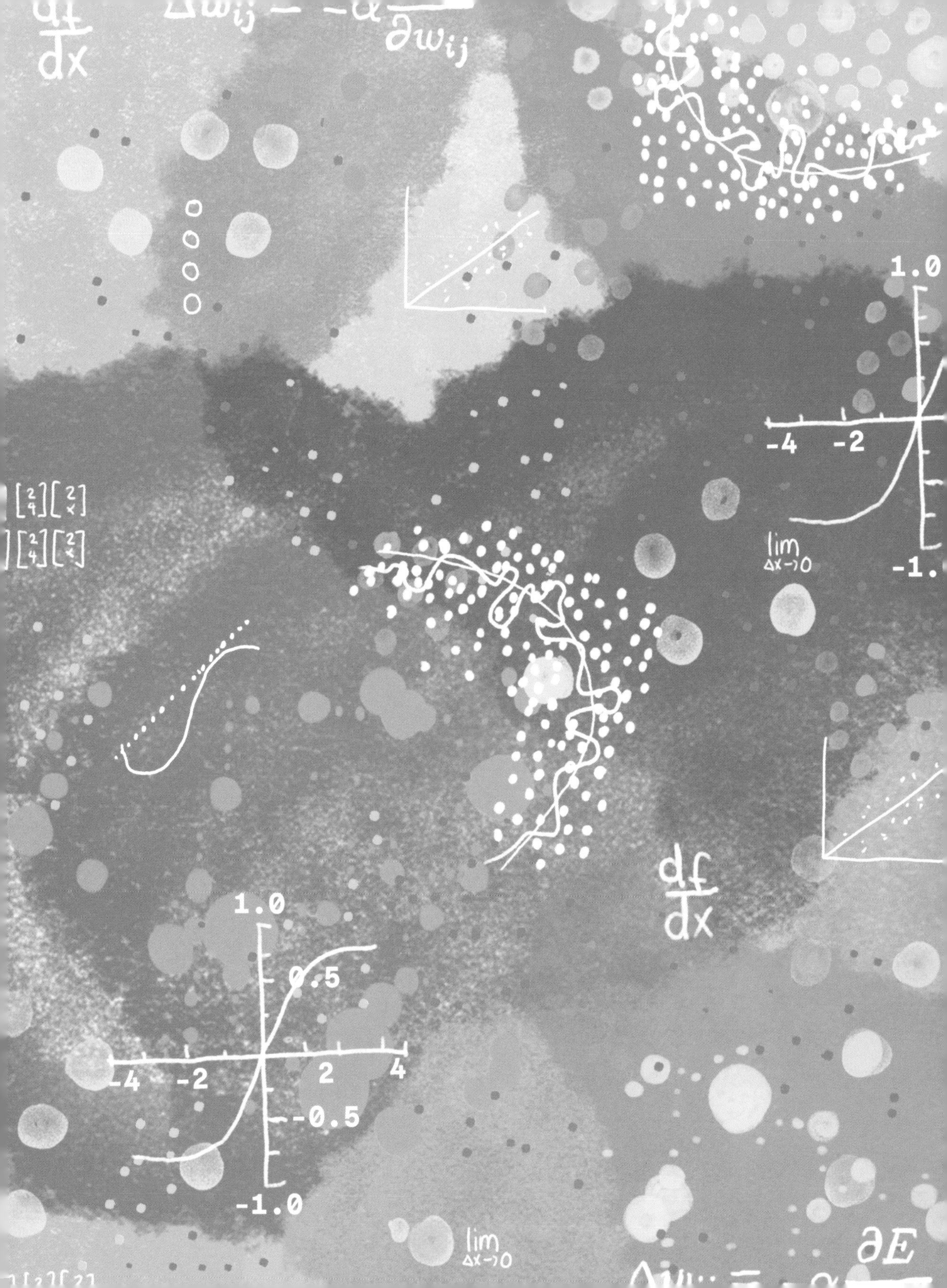

df/dx
1.0
0.5
-4
-2
2
4
-0.5
-1.0
lim Δx→0
∂E

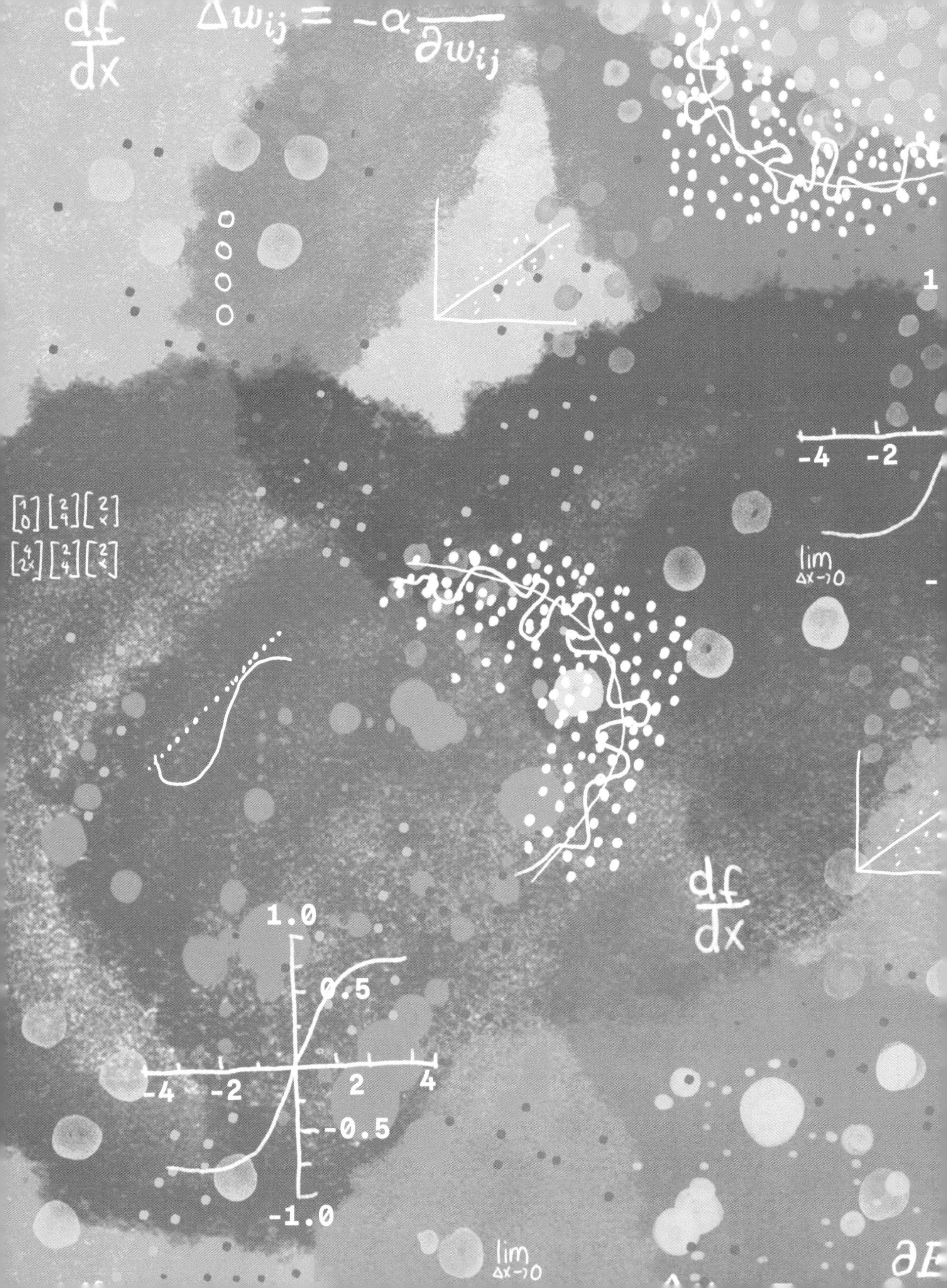

df
dx
Δw_ij = −α
∂w_ij
−4 −2
lim
Δx→0
1.0
0.5
−4 −2 2 4
−0.5
−1.0
lim
Δx→0
df
dx